식물의
발칙한
사생활

우리 곁 식물들의 영리한 생존전략

식물의 발칙한 사생활

이나가키 히데히로 지음 | 장은주 옮김

문예춘추사

"식물은 거꾸로 선 인간"

식물이란 참으로 희한한 생물이다.

우리 인간의 생김새와 닮은 데라고는 찾아볼 수가 없다. 손발은 고사하고 눈과 귀조차 없다. 뇌도 없을 뿐더러 말을 하는 것도 아니다. 돌아다니는 법도 없어 아침부터 밤까지 꼬박 같은 자리에서 꼼짝도 하지 않는다. 매일 정신없이 바쁜 우리 눈에는 정말 이해 불가한 존재다.

고대 그리스의 철학자 아리스토텔레스는 "식물은 거꾸로 선 인간이다"라고 했다. 인간 입에 해당하는 뿌리가 맨 아래에 있고 그 위에 몸통에 해당하는 줄기가 있다. 인간 하반신에 자리한 생식기는 식물 윗부분에 핀 꽃이라고 할 수 있다. 아리스토텔레스 말처럼 식물이 인간과 정반대 생물이라면, 우리가 식물의 생존방식을 전혀 이해하지 못하는 것도 무리가 아니다.

한편, 이러한 식물의 삶이 가끔 묘하게 마음이 쓰이는 것도 사실이다. 발부리에 채는 길가의 잡초가 피운 작은 꽃에 우리는 감동한다. 겹겹의 세월을 견디며 하늘을 가릴 만큼 우거진 거목을 보면 왠지 모를 경외감마저 든다. 화분에 심은 한 톨의 씨앗이 싹을 틔웠을 때의 신비로움은 무어라 형용할 길이 없다.

식물은 우리 인간에게 정말이지 친근한 존재다. 숲의 나무와 들판의 풀꽃도 식물이고, 공원 화단과 아름다운 꽃다발을 수놓은 꽃도 식물이다. 삶의 터전인 집을 지탱하는 기둥도 식물이라면 식물이고 우리가 먹는 채소와 과일, 쌀과 보리 등도 모두 식물이다.

아마 식물을 보지 않는 날이 없을 만큼 식물은 우리 주변에 넘쳐난다. 그런데 이렇게 친근한 식물이 대체 어떤 생물이며 어떻게 살아가는지에 대해 우리는 의외로 아는 바가 없다.

더없이 친근하면서 수수께끼로 가득한 식물의 생존방식을

우리는 정녕 알 길이 없을까?

작가 마크 트웨인의 작품 중에 《왕자가 거지》가 있다. 뜻밖의 장소에서 만난 왕자와 거지가 옷을 바꿔 입으며 감쪽같이 신분이 바뀐 두 사람은 서로가 지금껏 상상도 하지 못했던 다른 세계를 보고 듣게 된다. 만일 우리가 우연찮게 식물의 세계로 발을 디뎌 식물의 말과 생각을 이해할 수 있게 된다면, 과연 식물의 어떤 삶과 마주하게 될까?

식물을 의인화하는 것이 결코 정확하다고는 할 수 없지만, 세상에는 상대 시선에서 보아야 비로소 알게 되는 것도 있는 법이다. 그래서 이 책에서는 지금까지 식물학이 밝힌 식물의 실상을 식물을 주인공으로 한 이야기로서 풀어보고자 한다.

희비를 교차하며 살아가는 식물 모습에 당신은 무릎을 치며 공감하게 될 것이다. 불필요한 생각은 하지 않는 식물의 담백한 생존방식에 우리는 인간 '삶'의 의미를 되묻게 될지도 모른다. 《왕자와 거지》의 왕자처럼 식물이라는 미지의 세계로 발을 디딘 우리를 기다리는 것은 과연 무엇일까?

가방 한가득 호기심을 채워 넣고 신발에 묻은 인간세계의 흙부터 털어내자. 그럼, 준비가 완료되었다면 당장 신기한 식물의 세계로 떠나보자.

식물의 발칙한 사생활

식물을 알면 사람을 알 수 있다.
식물의 생존방식을 알게 된 지금 우리가 알아야 할 것은
인간의 생존방식일지도 모른다.

차 례

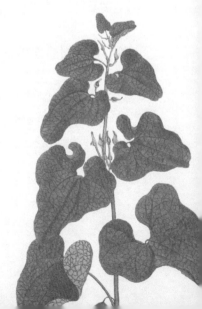

병원균과의 마이크로 전쟁

건강 열풍의 주역

지금 세상은 가히 건강 열풍이라 할 만하다. 방송과 잡지는 하루가 멀다하고 귀가 솔깃해지는 온갖 건강법을 쏟아낸다. 어떤 식품이 몸에 좋다고 소개하면, 순식간에 전국 슈퍼마켓에서 그 식품이 동이 난다. 소화하기도 버거울 만큼의 건강보조식품을 먹는 사람도 있다. 하루 15분이면 효과 만점이라는 운동도 이런저런 매체에서 잇달아 소개하니까 전부 하려면 결국 몇 시간이 걸린다.

그런데 방송을 보고 혹해서 산 건강식품도, 조금만 시간을 투자해도 효과가 있다는 운동도 금방 시들해져 지속하기 어렵다. 하지만 새로운 정보가 등장하면 다시 그쪽으로 우르르 몰리니 참으로 착잡한 심정이다.

건강 프로그램을 보면, 안토시아닌 등의 폴리페놀과 각종 비타민 등 식물에서 유래한 항산화물질이 단골로 등장한다. 이러한 물질은 노화 방지나 피부 미용 효과, 동맥경화 예방, 암 예방, 항스트레스, 눈의 피로 개선 등 아픈 현대인이라면 누구나 반길 만한 성분을 풍부하게 함유하고 있다. 게다가 식물에서 유래한 천연성분이라는 사실만으로 몸에 좋을 것 같은 기분이 든다.

"이거야말로 만병통치"라는 TV 프로그램의 연출은 도를 넘었지만, 확실히 식물에는 인간의 몸을 건강하게 유지해주는 다양한 성분이 있다.

그런데 어째 의아한 생각이 든다. 왜 굳이 식물에 인간 노화를 방지하여 젊게 해주고 피부를 탱탱하게 해주는 성분이 들어 있을까? 식물은 인간에게 도움을 주고자 고군분투하는 씩씩한 생물일까, 아니면 신이 인간의 건강을 위해 지구상에 창조한 생물일까?

이 이야기를 위해 식물과 식물 병원균의 장렬한 전쟁 이야기부터 시작해보겠다.

병원균의 습격

어느 식물의 잎, 언제나처럼 따사로운 햇살이 비추고 평소와 다름없는 평온하고 나른한 하루가 저물어간다. 그런데 갑자기, 인간세계로 말하자면 사이렌이 요란스럽게 울리는 느낌이랄까. 잎 속에 '긴급상황'을 알리는 경보가 발령되자 잎 전체에 긴장감이 맴돈다.

식물을 갉아먹는 병원균의 등장이다. 이때 병원균이 엘리시타(elicitor)라는 물질을 내뿜어 자신의 존재를 알리면, 식물은 이 물질을 감지하여 병원균이 침투했음을 인식하고 즉시 방어 태세에 돌입한다. 여기서 의아한 점이 있다. 왜 병원균은 스스로 자신의 존재를 알리는 물질을 내뿜을까?

"이리 오너라, 나 병원균이 왔노라!"

옛 장군처럼 위풍당당하게 이름을 내걸고 정정당당히 붙어보자며 도전장이라도 내미는 것일까? 물론 호시탐탐 식물을 노리는 병원균에게 그런 선의가 있을 리 없다.

어떤 도둑이 항상 유리창에 돌을 던진 후 반응을 보고 빈집에 침입했다고 하자. 그런데 여러 차례 도둑을 맞은 집주인이 유리창에 경보기를 설치했다. 유리창이 깨지면 경보기가 울려 경비원이 달려오게끔 한 것이다. 이런 사정을 알 리 없는 도둑은 여느 때와 같은 수법으로 집에 침입하려고 돌을 던졌다. 물론 경보기가 요란스럽게 울리며 도둑은 맥없이 침입에 실패하고 만다.

이러한 경위를 모르는 사람이 이 상황만 봤다면 분명 이렇게 생각하지 않을까?

'왜 남의 집에 침입하려는 도둑이 일부러 돌을 던져 경보기를 울릴까?'

돌은 원래 도둑의 공격 무기였으나, 그 활용법에 허가 찔리면서 도둑에게 도움이 되기는커녕 상대에게 스스로 자신의 존재를 알리기만 하는 애물단지로 전락했다.

도둑이 던진 돌처럼 엘리시타도 원래는 식물을 감염시키려고 내뿜은 무기였으나, 식물의 방어 시스템이 발달하면서 지금은 자신의 존재를 스스로 만천하에 알리는 존재가 되고 말았다.

식물의 방어 시스템

병원균 습격을 받은 식물은 바로 반격에 나선다. 그렇다면 식물의 방어 시스템은 어떻게 작용할까? 가장 기본은 물가에서 적의 습격을 막는 것이다. 식물에 물을 주면 식물의 잎이 물을 튕기는 모습을 볼 수 있다. 식물의 잎 표면은 왁스 층으로 코팅되어 성벽처럼 침입을 막는다. 병원균은 잎이 건조하면 침입이 어려우므로 잘 젖지 않는 왁스 층은 적이 공격 거점을 만드는 것을 방해하는 효과가 있다.

또한, 왁스 층 아래는 물을 가득 채운 깊은 굴처럼 항균물질을 저장하여 병원균 침입에 대비한다. 깊은 굴과 높은 성벽으로 적의 침입을 봉쇄하는 것이다.

성에 다다른 적은 일단 침입이 수월한 성문부터 공략하려 하므로 적의 습격이 시작되면 바로 성문을 닫아버려야 한다. 식물도 마찬가지다.

식물의 잎은 빈틈이 없어 보이지만, 표면에는 호흡을 위해 공기를 흡입하는 기공이라는 빈 구멍이 많다. 병원균은 대부분이 기공으로 침입을 시도한다. 그래서 식물은 적의 습격을 받으면 가장 먼저 기공을 닫아 적의 침입을 막는다.

하지만 전쟁은 끝나지 않는다. 기공이 막혔다고 침입을 포기할 리 없는 병원균은 세포벽을 파괴하고서라도 억지로 들어가려 한다. 세포벽이 파괴되면 어떻게 될까? 식물은 파괴된 지점에 세포 내 물질을 한데 모아 바리케이드를 치고 안간힘을 다해 대항한다. 하지만 병원균의 공격도 만만치 않아 바리케이드가 뚫리는 것은 시간문제다. 이제 전쟁은 피할 길이 없다. 드디어 목숨을 건 방어전의 서막이 오른다.

활성산소로 반격

산소는 우리가 살아가는 데 꼭 필요한 물질이지만, 원래 모든 것을 녹슬게 하는 독성물질이다. 이 산소가 모든 것을 더 쉽게 녹슬도록 독성을 높인 것이 활성산소다.

병원균 존재를 감지한 식물세포는 즉시 활성산소를 대량으로 생성하여 병원균을 공격한다. 이 활성산소 생성을 산화적 폭발(oxidative burst)이라고 한다. 예전에는 활성산소가 공격력이 뛰어난 무기였으나 근대에는 병원균 장비도 진화하여 활성산소 정도로는 눈썹도 까딱하지 않는다.

하지만 대량으로 생성된 이상한 활성산소는 지금도 중요한 역할을 한다. 긴급사태의 심각성을 식물 몸속에 전하는 신호 역할이다. 파수꾼이 쏜 총탄은 적을 물리칠 힘은 없지만, 그 총소리를 듣고 다수 부대가 전투태세에 들어가는 것과 같다.

활성산소 생성으로 식물은 드디어 긴급 태세를 갖춘다. 아직 병원균 습격을 받지 않은 세포는 벽을 단단히 봉쇄하여 방어력을 높이고, 항균물질을 대량으로 생성하여 병원균과의 전쟁에 돌입한다. 단, 이러한 대응책은 준비하는 데 조금 시간이 걸린다는 단점이 있다. 대응책을 제때 활용하지 못해 세포 내에 병원균의 마수가 뻗었다면 어떻게 해야 할까? 병원균 침입을 허락해버린 절체절명 상황에서 세포가 취할 수 있는 수단은 없을까? 영화라면 클라이맥스, 드디어 최후의 결전에 이른다.

프로그램화한 죽음

식물세포가 취하는 최후 수단은 적과 함께 자폭하는 것이다. 병원균 습격을 받은 주변 세포가 일시에 사멸하는 것. 병원균은 대부분 살아 있는 세포 내에서만 생존하므로 세포가 사멸하면 병원균도 죽음에 이를 수밖에 없다. 세포는 자신의 생명과 맞바꾸어 식물을 사수한다.

절대 세포가 병원균에 당해서 죽은 것이 아니라, 어디까지나 식물의 제어로 세포 스스로 죽음에 이른 것이다. 그래서 이 현상을 '세포 자연사(apoptosis)'라고 하는데, 실제로 병원균 침입을 받은 세포뿐만 아니라 주변의 건강한 세포도 세포 자연사를 일으킨다. 산불이 일어났을 때 나무를 잘라내어 불꽃이 퍼져나가지 않게 막는 것과 마찬가지로, 병원균 습격을 받은 주변 세포를 사멸시켜 병원균 침입을 막는다. 병원균 습격을 받은 잎에 간혹 세포가 사멸한 반점이 보이는데, 실제로는 병의 증상이 아닌 세포가 자멸하여 병원균을 봉쇄한 흔적일 때도 적지 않다.

이리하여 스스로 몸을 불사른 세포의 고귀한 희생 덕분에 식물은 평화를 되찾는다. 영화라면 감동의 피날레다. 너나 할 것 없이 어깨를 얼싸안고 들썩이며 승리의 기쁨에 취해 끝을 맺는 장면이다.

하지만 현실에서 해피엔딩은 쉽게 이뤄지지 않는 법이다. 이야기는 계속 이어진다.

항산화물질의 활약

격전을 치르고 날이 저문 후 남겨진 것은 대량의 활성산소다. 활성산소는 독성물질이므로 식물에 악영향을 끼친다. 전쟁이 끝난 후에는 곳곳에 남겨진 대량의 지뢰를 제거할 필요가 있듯이 활성산소를 제거하지 않는 한 진정한 평화는 찾아오지 않는다. 그래서 등장한 것이 식물에 함유된 폴리페놀이나 비타민 같은 항산화물질이다. 식물은 활성산소를 제거하기 위해 다양한 항산화물질을 함유하고 있다.

식물은 공격을 위한 무기뿐 아니라, 평화를 되찾기 위해 무기를 없애는 방법도 터득했다. 무기만으로는 자멸하리라는 사실을 알기 때문이다. 제대로 건사하지도 못하는 핵미사일을 끌어안고 쩔쩔매는 인간은 본받아야 한다.

인간 체내에서 생성된 활성산소는 세포에 상처를 입히는 등 다양한 악영향을 끼친다. 물론 피부도 노화하여 탄력을 잃고 주름이 생긴다. 이 활성산소를 제거하는 데 식물의 항산화물질이 효과를 발휘한다.

물론 인간도 활성산소를 생성하고 제거하는 시스템을 갖추고 있다. 하지만 숱하게 활성산소를 생성하고 제거하기를 반복하는 식물은 인간보다 항산화물질 종류가 월등히 많다. 다양한 항산화물질이 식물에서 유래한 이유는 그 때문이다.

멀티플레이어 천연성분

식물에서 유래한 성분에는 다양한 기능과 특징이 있는데, 식물의 화학물질은 저절로 만들어진 것이 아니다. 뿌리에서 흡수한 양분과 광합성으로 만들어진 당분, 식물은 이 한정된 자원으로 모든 생명 활동을 영위해가야만 한다. 도저히 방어에만 예산을 할애할 수 없다.

영양분을 투자하여 튼튼하게 성장하는 것도 중요하고, 경쟁력을 높여 주위 식물보다 몸집을 키워 빛도 더 많이 쬐어야 한다. 물론 꽃을 피우고 꽃가루와 씨앗을 만드는 일 역시 다음 세대를 육성하는 데 중요한 예산 배분이다. 그런 만큼 한정된 자산을 효율적으로 활용해야 한다. 비합리적으로 보이는 인간 사회의 예산 배분과 달리 생존이 걸린 식물의 예산 배분은 항상 합리적이다. 그렇지 않으면 살아남을 수 없기 때문이다.

자원을 축내며 생산하는 화학물질도 비효율적이어서는 안 된다. 일석이조, 일석삼조의 물질을 만들어내야 한다. 이를테면 안토시아닌은 활성산소를 제거하는 항산화물질인 동시에 항균 활성화 작용도 한다. 혹은 물에 녹아 침투압을 높여 건조 시 세포의 보습력을 높이거나 저습일 때 동결 방지 역할을 하기도 한다. 그뿐만이 아니다. 안토시아닌은 꽃잎을 적자색으로 물들여 꽃가루를 옮기는 곤충을 유혹하거나 과일을 물들여 씨앗을 옮기는 새를 유혹하는 데도 쓰인다.

장미의 붉은색이나 포도의 보라색도 안토시아닌 작용이다. 안토시아닌은 자외선을 흡수하여 자외선으로부터 몸을 지키는 작용도 한다. 그야말로 멀티플레이어다. 이 편리한 물질은 언제 어디서든 쓰임새 많은 만능 나이프 같은 존재다. 안토시아닌뿐만 아니라 식물이 엄선하여 사용하는 성분 중에는 몇 가지 역할을 거뜬히 해내는 다기능 성분이 많다. 이러한 성분은 식물이 생각지도 못한 유용한 작용을 인간 몸에 일으키기도 한다.

방어 시스템 돌파

식물의 방어 시스템은 거의 완벽에 가깝다. 세상에는 무수한 균이 존재하지만, 대부분 식물의 방어 시스템에 막혀 침투에 실패한다.

그러나 실제로는 식물도 병에 걸린다. 한정된 극소수 균이 식물의 방어 시스템을 뚫는 기술을 터득하여 물밑 작업에 성공한 것이다. 식물 병원균은 대체 어떻게 완벽한 방어 시스템을 갖춘 식물을 감염시킬까?

자, 식물이 엘리시타를 감지하고 방어 태세에 들어갔다고 하자. 이때 병원균이 아예 엘리시타를 내뿜지 않으면 간단하게 끝날 일 아닌가 싶겠지만, 그게 생각만큼 녹록지 않다. 인간 사회도 그렇지만 한번 만든 것은 '애써 만들어놓았는데' 하는 생각에 웬만해선 없애지 않는다. 당신 회사에도 그런 부서가 한두 개쯤 있지 않은가. 혹은 주위에 그런 건설 현장은 없는가.

다만 기존의 것을 없애는 데는 관심이 없는 대신, 새로운 것을 만드는 데는 누구나 열심이다. 이렇게 하여 오래된 부서나 사업은 뒷전으로 하고 새로운 부서 기획이나 신규사업에 뛰어든다. 어차피 같은 노력이 든다면 새로운 쪽이 훨씬 평가도 높다. 병원균도 이런 이유로 엘리시타를 없애지 않고 아예 새로운 시스템을 도입한 게 아닐까.

끝없는 병원균과의 사투

한 치의 틈도 허용치 않는 철옹성을 앞에 두고 당신이라면 어떤 전략을 취하겠는가. 정면으로 맞붙어서는 도저히 승산이 없어 보인다. 섣불리 덤볐다가는 타격만 커질 뿐이다.

눈 감으면 코 베이던 살벌한 전쟁통에 명장으로 칭송받던 이름난 장군들은 대부분 모략가였다. 가짜 정보를 흘리고 혼란을 야기하여 상대의 전력 저하를 꾀했다. 완벽한 방어 시스템을 무너뜨리는 효과적인 방법은 방어 시스템을 무력화하는 것이다.

식물은 병원균이 내뿜는 엘리시타라는 물질을 감지하고 방어 시스템을 가동한다. 그러자 병원균은 이 방어 시스템을 무력화하기 위해 서프레서(supperessor)라는 물질을 내뿜기로 한다. 마치 괴도 루팡이 여러 경비원을 수면제로 잠재워버린 것처럼, 병원균도 식물의 엘리시타 감지 시스템을 잠재워버린다. 그리고 보란 듯이 침입에 성공한다.

물론 식물 역시 가만히 당하고만 있지는 않다. 병원균이 내뿜는 물질이라는 점에서는 엘리시타도 서프레서도 차이가 없다. 그렇다면 서프레서를 재빨리 감지하여 방어 시스템이 가동하도록 감지 시스템을 수정하면 된다.

돌로 유리창을 깨트리면 경보음이 울리니까 도둑은 경보기에 연결된 코드를 끊고 돌을 던지기로 했다. 이것이 서프레서다. 그러자 집주인도 대책을 모색한다. 이번엔 코드가 끊겨 정전되면 경보기가 울리게 한다. 그러면 도둑은 다시 이 경보기가 기능하지 않게 하는 방법을 연구한다. 식물과 병원균은 먼 옛날부터 이런 전쟁을 반복하면서 함께 진화해왔다.

　당신 집 앞마당에서, 공원에서, 숲에서, 들에서, 오늘도 식물과 병원균의 끝없는 전쟁이 반복되고 있으며, 전쟁 때마다 식물은 매일 활성산소를 만들었다 제거한다. 식물이 진정한 평화를 찾는 것은 아직 먼 훗날의 일이다.

　이렇게 식물은 밤낮으로 쉴 새 없이 항산화물질을 만들어낸다. 그리고 식물이 이 투쟁을 계속 이어가는 한, 당신 피부는 언제까지나 싱싱하고 젊게 유지될 것이다

02

해충을 막아라

최강의 적, 곤충과의 전쟁

이전 항목에서 소개했듯이 식물과 병원균의 전쟁은 장렬하다. 하지만 식물을 습격하는 강력한 적은 병원균만이 아니다.

거침없이 닥치는 대로 잎을 갉아먹는 곤충 또한 매우 두려운 적이다. 병원균에 비하면 몸집도 거대하여 마치 도시를 마구 짓밟고 부수는 괴수 같다. 도저히 세포가 자살하는 정도로 쓰러트릴 수 있는 상대가 아니다.

식물은 이 최강의 적에게 어떻게 대항할까? 작은 병원균이면 세포도 나름 역동적인 투쟁을 펼쳐보겠지만, 상대는 말도 안 되게 어마어마한 적이다. 게다가 동물이라면 예리한 이빨이나 날카로운 발톱으로 적을 위협하겠지만, 동물처럼 자유롭게 움직이지 못하는 식물이 사용할 수 있는 무기는 한정되었다.

무력과 무력이 충돌하는 치열한 인류 전쟁 역사에서 힘이 없는 자가 싸우지 않고 힘 있는 자를 죽인 후 역사를 새로 쓰는 사건이 종종 일어난다. 바로 독살이다. 동서고금을 막론하고 독을 사용하는 것은 강력한 적을 살해할 때 빠지지 않고 등장하는 수법이다.

약한 식물이 강력한 적을 쓰러뜨리는 데 이만큼 효과적인 방법은 없다. 죽이지 않으면 죽임을 당할 테니, 비겁하다느니 어쩌니 하는 말은 접어두자. 아니면 살아남을 방법이 없다.

이리하여 식물은 모든 독성물질을 조합하여 자신을 지키는 길을 선택했다.

허브 향도 식물의 독

독이라고 하면 무섭다는 생각이 먼저 들지만, 사실 독은 우리 주변에서도 쉽게 볼 수 있다. 과하면 건강을 해친다는 담배의 주성분 니코틴은 원래 해충으로부터 몸을 지키기 위한 물질이다. 채소의 알싸한 맛도 그렇다. 시금치의 알싸한 맛의 원인인 옥살산도 원래는 방어를 위한 물질이다. 차조기나 파, 허브의 향 성분도 전부 해충을 막기 위해 식물이 지닌 물질이다. 민들레 줄기를 자르면 희고 끈적한 액이 나오는데, 옛날 아이들은 이 줄기를 잘라 도장 놀이를 했다. 이 하얀 액도 곤충 피해를 막기 위한 것이다.

고추냉이나 양파의 매운맛 성분도 식물의 화학병기로, 고추냉이나 양파는 이 화학병기에 좀 더 지혜를 더했다. 고추냉이의 화학병기는 시니그린이라는 물질이다. 이 시니그린 자체는 매운맛이 없지만, 곤충이 갉아먹어 세포가 파괴되면 세포 속 시니그린이 세포 밖 산소로 인해 화학 반응을 일으켜 알릴겨자유라는 매운맛 성분을 생성한다. 고추냉이를 얇게 저밀수록 매워지는 이유는 세포가 그만큼 파괴되기 때문이다. 양파도 마찬가지다. 세포가 파괴되면 세포 밖 효소로 인해 매운맛 성분인 알리인이 생성된다. 양파를 자르면 눈물이 나는 것은 알리인이 휘발되기 때문이다. 고추냉이나 양파는 긴급 시에 순간적으로 방어물질을 분비하여 적을 공격한다.

많은 식물이 온갖 머리를 짜내어 다양한 화학병기를 만들어 내는 이유는 식물에게 곤충이 그만큼 위협적인 존재이기 때문 이다.

독의 한계

독을 사용하는 데에는 한계가 있다. 독살이 효과적인 이유는 적의 허를 찌르는 기습이기 때문인데, 항상 같은 독으로 똑같은 독살을 꾀한다면 당연히 적도 대응책을 마련한다.

세상에 도둑은 절대 사라지지 않는다. 식물이 이토록 처절하게 몸을 지키고 있음에도 태연하게 잎을 갉아먹는 해충은 반드시 나타난다. 이를테면, 독을 분해하는 기능을 습득한 곤충은 식물이 만들어낸 화학물질을 간단하게 해독하여 먹어치운다. 인간에게도 독성이 있는 담배나 인간도 눈물을 흘릴 정도로 매운맛을 가진 고추냉이조차 아무렇지 않게 먹어치우는 해충도 있다.

게다가 아예 독을 품고 있는 곤충마저 등장했다. 머리는 원숭이, 몸통은 너구리, 팔다리는 호랑이, 꼬리는 뱀이라는 기괴한 모습을 한 누에라는 전설상의 괴물이 있다. 이 괴물은 독사를 잡아먹고 몸속에 독을 품는다. 그래서 누에 고기를 먹은 자는 죽음에 이른다고 전해진다. 곤충 몸에도 이 괴물의 독 같은 것이 존재한다.

사향제비나비의 유충은 쥐방울덩굴이라는 독초를 먹이로 한다. 물론 쥐방울덩굴의 독은 해충으로부터 몸을 지키기 위한 것이다. 그런데 사향제비나비 유충은 독을 분해하지도 않으면서 쥐방울덩굴의 독을 몸에 축적한다. 이로써 사향제비나비는 독을 손에 넣었다. 상황이 이러니 새들도 사향제비나비 유충에는 손을 대지 않는다. 독으로 몸을 지킨 쥐방울덩굴 잎은 사향제비나비의 천국이 된다. 온갖 고초를 겪으며 차곡차곡 쌓은 독을 사향제비나비에게 가로채인 쥐방울덩굴의 심정은 어떨까?

사향제비나비와 마찬가지로 식물 독을 체내에 축적하여 스스로 몸을 지키는 곤충은 드물지 않다. 이러한 곤충들은 스스로 독이 있음을 알리고자 화려한 모습을 하고 있다. '어디 먹을 테면 먹어봐!'라고 자신이 위험한 독을 품고 있음을 어필한다. 참으로 발칙하기 짝이 없다.

곤충의 식욕을 없애는 물질

갖은 고생 끝에 만들어낸 독성분을 활용하기는커녕 오히려 이용만 당하니 분해서 견딜 수가 없다. 그래서 식물은 독 이외의 다양한 작용을 하는 화학성분을 만들어 곤충에 대항한다.

하나는, 식욕을 감퇴시키는 물질이다. 곤충도 속이 더부룩함을 느낀 탓일까? 그토록 게걸스럽게 먹어치우던 박각시나방의 식욕이 눈 깜빡할 새 뚝 떨어져 잎을 먹지 않기에 이르렀다. 다이어트를 하는 사람에게는 부러운 현상이지만, 곤충에게는 심각한 문제다.

감이나 차의 떫은맛의 근원인 탄닌도 곤충의 식욕을 떨어뜨리는 물질 중 하나다. 탄닌은 적은 비용으로 생산할 수 있는 화학물질이므로 많은 식물이 이 탄닌을 활용한다. 탄닌에는 곤충 체내의 소화효소를 변성시키는 작용이 있어, 이 작용으로 곤충의 식욕을 감퇴시킨다. 한편, 곤충도 지지 않고 쉴 새 없이 잎을 갉아먹는다. 더부룩한 속에 잘 듣는 소화제와 위산을 억제하는 위장약을 동시에 먹는 듯한 화학전이 곤충 체내에서 일어난다.

이와 반대로, 곤충 호르몬을 자극하여 성장을 촉진하는 물질을 마련한 식물도 있다. 왜 미운 적의 성장을 도와주려는 건지 의아하겠지만, 이것 역시 식물이 고민 끝에 생각해낸 고도의 작전이다. 박각시나방은 성장 과정에서 여러 차례 탈피를 거듭하며 성충이 된다. 그런데 이 물질을 먹으면 체내 호르몬계가 교

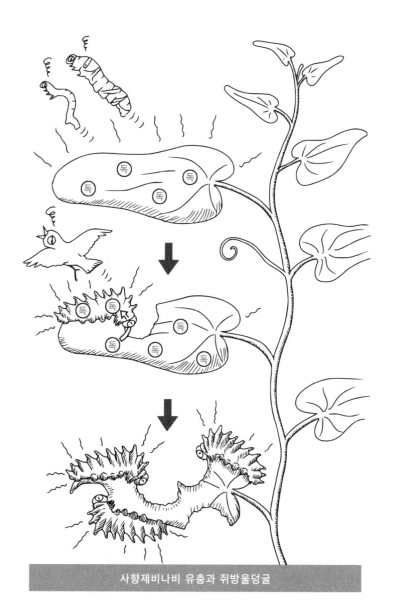

사향제비나비 유충과 쥐방울덩굴

란을 일으켜 별로 몸집이 커지지도 않았는데 탈피를 거듭하여 빨리 성충이 된다. 박각시나방이 잎 위에서 보내는 성장 기간을 짧게 하여 많이 먹는 것을 막으려는 의도다. 미운 손님 손에 얼른 선물을 쥐여주고 보내려는 것이다.

식물은 그야말로 갖은 수단과 다양한 화학병기를 갖추고 몸을 지켜왔다. 합성되는 화학물질 종류는 현대의 화학공장이 무색하리만치 다채롭다. 거북이 등딱지만 봐도 화학기호가 떠올라 두드러기가 날 만큼 화학을 싫어하는 사람은 절대 식물의 적수가 되지 않는다.

식물의 SOS 신호

곤충에게 잎을 먹혀버린 식물은 아직 먹히지 않은 건강한 잎에서 볼라타일(volatile)이라 불리는 휘발성 물질을 분비한다. 볼라타일은 테르펜 등의 병충해에 대항하기 위한 물질로 이뤄졌으나 평소 식물을 먹이로 하는 곤충에게는 아무런 역할도 하지 못한다.

먹히는 식물이 분비하는 휘발성 물질은 마치 SOS 신호 같다. "도와주세요!"라는 절규와도 같은 휘발성 물질을 분비해도 움직이지 못하는 주변 식물은 어떻게 할 방법이 없다. 그저 방관할 수밖에 없는 것이다.

그런데 볼라타일 신호를 눈치챈 주변 식물이 하는 행동이 있다. 도와주기는커녕 황급히 자신을 지키는 방어물질을 생성하는 것이다. 아무리 도움을 청해도 어차피 강 건너 불구경. 누가 뭐라든 내 몸 안전이 훨씬 중요하니 항상 밀려드는 곤충에 방어태세를 갖춰둬야 한다. 매정하다고 할지 모르지만, 누구든 자기 몸이 제일 귀한 법이다.

이 현상은 피해 본 식물과 다른 종류 식물까지도 황급히 방어태세를 갖는다는 점에서 매우 흥미롭다. 피해 본 식물과 종류가 달라도 언제 그 적이 자기를 덮치러 올지 모르기 때문이다.

식물의 영웅

도와달라는 절박한 외침도 헛되이 맥없이 먹혀버린 식물. 주변 식물은 제 몸 걱정만 할 뿐 전혀 도와줄 기미가 없다. 여기까지가 끝인가 보다. 절망의 늪에 빠져 의식마저 희미해지는 순간, 한 줄기 빛이 비친다. 만반의 준비를 완료한 영웅의 등장이다.

드라마는 드디어 클라이맥스로 향한다. 괴수와의 전쟁이라면 울트라맨이, 슈퍼전대라면 거대한 로봇이 등장한다. TV 형사물이라면 요란스러운 사이렌을 울리며 경찰차가 줄지어 달려온다.

드디어 식물들의 영웅이 등장했다. 옥수수의 도와달라는 외침을 듣고 박각시나방의 천적인 기생벌이 찾아왔다. 식물이 분비한 볼라타일을 감지한 기생벌이 옥수수를 구하려고 한달음에 달려온 것이다. 기생벌에 걸리면 박각시나방은 잠시도 버티기 어렵다. 기생벌은 박각시나방을 잡고 나면 바로 알을 슨다. 얼마 후 알에서 깨어난 벌의 유충 역시 박각시나방을 잡아먹는다. 안하무인에 거칠 것 없던 박각시나방도 이로써 장대한 막을 내린다.

"고마워요. 벌님. 당신 덕분에 평화를 되찾았어요."

옥수수가 인사말을 할 겨를도 없이 유유히 사라지는 기생벌. 얼마나 멋진 영웅인가.

물론 기생벌이 옥수수를 도우려고 날아온 것은 아니다. 기생벌로서는 어디 있는지도 모르는 박각시나방을 찾아내는 일이 녹록지 않다. 하지만 결과적으로 식물이 보낸 SOS 신호에 정의의 사도처럼 달려가는 구조가 되었으니 얼마나 멋진가. 자기 생명을 내던지면서까지 누군가를 위해 싸우는 영웅은 있을 리 없다. 식물과 곤충 사이에 그런 훈훈한 이야기는 존재하지 않는다.

03

개미를 둘러싼 식물의 삶

최강의 곤충

아이들 사이에서 곤충끼리 싸움을 펼치는 '곤충왕'이라는 게임이 큰 인기를 끈 적이 있다. 미래 전사 모습을 한 장수풍뎅이와 사슴벌레의 용감무쌍한 모습은 예나 지금이나 아이들을 빠져들게 한다. 헤라클레스 장수풍뎅이와 왕사슴벌레 등 한눈에 봐도 힘센 곤충들이 용맹하게 싸움을 펼치는 모습에 아이들은 빠져들 수밖에 없었을 것이다.

게임 세계는 뒤로하고, 곤충계에서 가장 센 곤충은 누구일까? 힘센 장수풍뎅이일까, 뾰족한 송곳니를 가진 사슴벌레일까, 아니면 인간마저 죽음에 이르게 하는 침을 가진 말벌일까?

누구랄 것 없이 강한 곤충들이지만, 유감스럽게도 그들은 최강의 곤충이 아니다. 진짜 왕은 따로 있다. 곤충계에서 가장 두려운 곤충은 누구일까? 의외라고 하겠지만, 그 답은 개미다. 고작 개미라고 인간은 무시하지만, 개미야말로 곤충이라면 누구나 두려워하는 역사상 가장 강한 곤충의 왕이다. 개미에게는 타의 추종을 불허하는 강력한 힘이 있다. 인간을 벌벌 떨게 하는 땅벌이나 말벌도 개미에게는 적수가 되지 않는다. 벌들이 공중에 벌집을 만드는 이유도 개미의 습격을 당할까봐 두려워서다. 또한, 벌집이 매달린 부분에는 개미가 싫어하는 물질이 발라져 있다고 하니, 벌이 개미를 상당히 두려워하고 있음을 알 수 있다. 무리지어 행진하는 개미군단도 유명하다. 먹이를 찾아 떠도는 개미군단이 훑고 지나간 자리는 식량이 모조리 바닥나고 가축 역시 뼈도 못 추릴 정도다. 개미군단 행진 앞에서는 인간도 피난을 갈 수밖에 없다.

더구나 개미는 집단으로 습격해오기 때문에 당해낼 재간이 없다. '곤충왕' 게임에서 기세등등한 장수풍뎅이나 사슴벌레도 개미 공습에는 잠시도 버티지 못할 것이다.

개미 경호원을 둔 식물

식물계에는 그런 개미를 경호원으로 고용한 식물이 있다. 곤충 중에는 호시탐탐 식물을 노리는 나쁜 무리가 득실댄다.

"이럴 것 같아 당신을 경호원으로 고용했어요. 잘 부탁해요."

식물이 이렇게 말을 했는지 어떤지는 알 수 없지만, 식물에 해충이 다가오려 하면 개미가 얼른 나서서 쫓아낸다. 식물이 만드는 꿀이라면 일반적으로 꽃의 꿀이지만, 개미를 고용한 식물은 잎겨드랑이 부근, 즉 꽃 이외 조직에 꽃밖꿀샘(花外蜜腺)이라는 꿀샘을 두고 있다. 이 꿀이 개미에게 먹이로 주어진다. 꽃밖꿀샘은 전혀 특별한 식물이 가진 구조가 아니다. 누에콩이나 벚나무, 예덕나무, 감제풀, 고구마 등 누구나 아는 친근한 식물도 잘 살펴보면 잎겨드랑이 부분에 꿀샘이 있어 개미가 모인다. 종류는 달라도, 어떤 식물이든 개미를 고용하려고 안간힘을 쓴다.

하지만 개미로서는 식물을 지킨다는 기분이 전혀 없다. 개미는 그냥 맛있는 먹이가 있는 곳을 지키려고 곤충을 쫓아낼 뿐이다. 돈으로 고용된 경호원에 지나지 않는다.

개미에게 씨앗을 옮기게 하는 전략

개미가 지켜주는 것은 줄기나 잎에 머물지 않는다. 소중한 씨앗을 개미에게 맡기는 식물도 있다. 그 일례가 얼레지다. 숲 속의 씨앗은 항상 위험에 노출되어 있다. 쥐나 민달팽이가 땅에 떨어진 씨앗을 먹으려고 눈을 부릅뜨기 때문이다.

어미 품을 떠난 탓인지 부실해진 얼레지 씨앗이 밀려드는 폭도들의 습격을 당하려는 순간 등장한 것은? 한 마리의 개미다. 개미는 얼레지 씨앗을 입에 물고 그 자리를 떠나 안전한 개미 둥지로 씨앗을 옮겨준다. 위기일발 상황에서 구원받은 작은 생명. 얼레지 씨앗이 "개미님, 구해줘서 고마워요!"라고 우렁차게 인사말을 했는지는 알 수 없지만, 속으로는 분명 쾌재를 부르지 않았을까? 사실 이 모든 것은 얼레지의 철저한 계획에 따라 이뤄졌다.

얼레지 씨앗에는 엘라이오솜(elaiosome)이라는 젤리 형태 물질이 묻어 있다. 개미는 이 먹이를 노리고 얼레지 씨앗을 둥지로 옮긴다. 먹이를 옮겼을 뿐인데, 씨앗이 함께 따라왔다는 게 개미의 솔직한 감상이다. 그 행동은 장난감을 준다는 말에 필요 없는 과자를 사버린 아이와 다르지 않다. 다만 개미 역시 엘라이오솜이라는 충분한 보상을 받기 때문에 얼레지 씨앗을 옮긴 것을 후회하지 않는다.

이렇게 하여 얼레지의 비밀 특급 작전은 보란 듯이 성공했다. 하지만 문제는 있다. 개미 둥지가 안전하다고 하나 그 속에서 씨앗이 싹을 틔울 수 있을까? 물론 걱정은 접어둬도 좋다. 엘라이오솜을 먹어치운 개미는 이제는 쓰레기가 된 씨앗을 버리기 위해 다시 둥지 밖으로 씨앗을 옮긴다. 둥지 밖으로 나가더라도 개미의 둥지 근처라면 많은 개미가 오가기 때문에 외부 적도 쉽게 접근하지 못한다.

개미가 얼레지 씨앗을 옮겨와서 좋은 점은 외적으로부터 얼레지를 지켜주는 것만이 아니다. 민들레가 선모로 씨앗을 날리듯이 식물의 씨앗은 멀리 흩어지기 위해 다양한 궁리를 한다. 얼레지 씨앗도 씨앗을 옮겼다가 다시 버리는 개미의 행동으로 어렵지 않게 멀리 흩어진다. 또한, 개미가 쓰레기가 된 씨앗을 버린 곳에는 정말 운 좋게도 다른 식물의 음식 찌꺼기도 있어 수분도 영양분도 풍부하게 유지된다. 정말이지 나쁠 게 하나도 없다.

얼레지뿐만 아니라 제비꽃이나 광대나물, 자주괴불주머니 등 친숙한 식물 중에도 엘라이오솜이 묻은 씨앗을 개미에게 옮기게 하는 식물이 많다. 개미는 그만큼 식물에게 든든한 존재다.

영양분을 제공하는 개미식물

대적할 자가 없는 강인한 힘, 빼어난 일솜씨, 개미야말로 모든 식물이 선망해 마지않는 대상이다. 이쯤 되니 모두가 어떻게든 개미를 자기편으로 끌어들이려고 안달이 났다.

"무슨 수를 써서라도 개미를 우리 편으로 만들어야 해. 돈은 얼마가 들든 상관없어. 개미가 원하는 건 다 들어줘."

콧바람을 날리며 이렇게 말하는 식물까지 등장했다. 어떻게든 개미를 회유하려고 개미 일족이 머물 집과 대지 그리고 먹이까지 전부 제공하겠다는 남다른 스케일의 식물이다.

개미식물이라 불리는 이 식물은 가지 속에 공간을 만들어 개미를 살게 한다. 그리고 당분인 꿀뿐만 아니라 단백질과 지방 등 모든 영양소를 개미에게 제공한다. 생활에 필요한 모든 것을 갖춰놓은 덕분에, 개미는 구멍을 파서 둥지를 치거나 멀리까지 먹이를 구하러 가지 않고도 나무 위에서 충분히 살아갈 수 있다. 그 대신 개미는 나뭇잎을 갉아먹는 모충 등의 곤충으로부터 식물을 지킨다.

온대지역에서는 개미가 지상에서 월동하기 힘들어 구멍을 파고 둥지를 쳐야 하니, 집을 내걸고 개미를 유혹하려는 식물은 보기 힘들다. 하지만 월동할 걱정이 없는 열대지역에서는 다양한 종류의 식물이 비슷비슷한 시스템으로 개미와 공생하며 진화한다. 열대지역의 개미는 의리도 강하다. 설령 강대한 인간이 주군인 식물에 다가오더라도 개미는 아랑곳하지 않고 이빨을 드러낸다. 더없이 든든한 경호원이다.

그뿐만이 아니다. 주위에 다른 식물이 틔운 싹이나 줄기에 얽힌 덩굴을 잘근잘근 씹어 없애거나, 걸리적거리는 주위 식물의 잎을 물어뜯어 햇볕을 많이 받도록 도와준다. 식물에 참으로 극진하다. 정말이지 배려가 넘치는 유능한 일꾼이다.

이런 개미는 식물에게 한없이 고마운 존재가 아닐까?

다만 개미에게는 이런 일이 집 앞 낙엽을 쓸거나 공원 잔디를 깎아 우리 동네를 더 살기 좋은 동네로 만들자는 자치회 활동 같은 것인지도 모른다. 그러나 결과적으로 개미식물은 다른 식물에 방해받지 않고 쑥쑥 자랄 수 있다.

배반의 아이콘도 개미

개미와 식물의 아름다운 파트너십. 하지만 세상은 그렇게 훈훈하지 않다. 세상에 두 사람만 있다면 문제가 없겠지만, 하늘의 별만큼 수많은 남자와 여자가 있어 바람을 피우기도 하고, 곁눈질하기도 하고, 더러는 주변 반대로 사랑을 이루지 못하기도 한다.

개미와 식물의 관계에도 종종 훼방꾼이 등장한다. 매력적인 개미를 독점하고 싶은 것은 식물만이 아니다. 게다가 개미와 식물은 서로 아무런 우정도 애정도 없이 이해득실만 있는 타산적인 관계다. 돈만 있으면 귀신도 부린다는 속담처럼 돈으로 고용한 경호원은 돈에 따라 손바닥 뒤집듯 배반할 수 있다.

일단 개미와 식물 사이를 비집고 들어온 훼방꾼은 진딧물이다. 진딧물은 식물의 즙을 빨아 먹고, 때론 병을 퍼뜨리는 위험한 해충이다. 원래라면 개미가 쫓아내야 할 상대다. 그런데 진딧물은 개미를 보란 듯이 배반하게 만든다. 진딧물은 식물이 만드는 꿀보다 훨씬 달콤한 감로를 엉덩이에서 분비하여 개미를 유혹한다. 이 달콤한 감로의 매력에 빠진 개미는 하필이면 식물의 해충인 진딧물을 지키는 경호원을 자청하고 나선다.

진딧물을 먹는 천적 곤충이 찾아오면 개미가 득달같이 달려와 쫓아내고, 진딧물은 개미의 경호를 받으며 유유자적 식물의 즙을 쪽쪽 빨아먹는다. 식물로서는 견디기 힘든 현실이다. 자기를 지켜야 할 개미가 어느 순간부터 진딧물을 지키다니.

진딧물이 개미를 배반하게 만든 결과는 꽤 성공적이어서, 가루이, 깍지벌레, 뿔개미 등 많은 해충이 진딧물과 마찬가지로 감로를 분비하여 개미를 회유한다.

복잡한 공생관계

식물과 개미와 진딧물. 이 삼각관계만으로도 상당히 복잡미묘한데, 이 드라마에 다시 새로운 인물이 등장한다. 진딧물에 기생하는 기생벌이다. 기생벌은 진딧물에 알을 슬고 그 유충은 진딧물을 잡아먹는다. 진딧물은 식물의 적이니까 적의 적은 아군이다. 즉 기생벌은 식물의 든든한 아군인 셈이다. 하지만 식물을 배반하고 진딧물 경호원이 된 개미는 진딧물의 천적인 기생벌을 쫓아내려 한다. 기생벌에게 개미는 위험하기 짝이 없는 적이다.

식물과 개미와 진딧물과 기생벌. 얽히고설킨 이들 관계에 또

다시 새로운 인물이 등장한다. 바로 기생벌의 유충에 다시 기생하는 기생벌의 등장이다. 이 기생벌은 식물의 적의 적의 적이므로 식물의 정의로운 아군을 잡아먹는 적이다.

물론 개미는 적군과 아군의 구분 없이 찾아오는 기생벌의 기생벌을 쫓아낸다. 기생벌이 진딧물 뱃속에 알을 슬었다면, 개미가 진딧물을 지킨 게 오히려 진딧물을 잡아먹는 기생벌의 알과 유충을 지킨 셈이다. 이렇게 되면 기생벌과 기생벌을 아군으로 하는 식물에 도움이 된다. 매우 복잡하고도 미묘한 이야기다. 이 이야기를 도중에 읽은 사람은 무슨 말인지 전혀 감이 오지 않고 처음부터 읽는 독자 역시 상당히 혼란스러울 것이다.

이 복잡미묘한 이야기는 여기서 그치지 않는다. 각각의 의도가 복잡하게 얽히고설켜 이야기는 더 늪으로 빠져든다. 지금은 진딧물이 감로로 개미를 회유했다는 것만이 유일한 사실이다. 하지만 식물이 질투하는 개미와 진딧물의 관계도 꽤 위험하다.

대체 누가 이득을 볼까?

경호원으로 고용되었더라도 사실 개미에게 진딧물은 감로를 만들어내는 먹이에 지나지 않는다. 그렇다면 더 많은 감로를 만드는 다른 종류의 진딧물이 찾아오면 어떨까? "이제 너에게 볼 일은 없어!"라는 말을 던지고 개미는 제구실을 못하는 진딧물을 잡아먹는다. 진딧물로서는 어이없는 경호원을 고용해버린 셈이다. 이래서는 진딧물은 개미의 고용주는 고사하고 노예보다 못한 존재다. 진딧물은 개미가 두려워 몸이 닳도록 쉴 새 없이 감로를 만들어낸다. 설령 감로를 많이 만들어냈더라도 안심하기에는 이르다. 진딧물이 증가하여 당분이 충분해지면 개미는 단백질을 보충하기 위해 끝내 진딧물을 잡아먹는다.

어차피 돈으로 고용된 몸이라 의리니, 은혜니 다 던져버리고 돈이 끊기는 날이 곧 인연이 끊기는 날이다. 참으로 까다롭고 다루기 힘든 경호원이다. 개미의 본성은 모든 곤충을 먹이로 하는 피에 굶주린 잔인한 살육자다. 그래도 아무도 개미를 거스르지 못한다. 어쨌든 개미는 최강 곤충이니까.

한편, 지금까지 서로 으르렁대던 진딧물과 식물의 관계도 적인가 하면 꼭 그렇지만은 않다. 진딧물은 개미를 효율적으로 잘 불러들이는 존재다. 설령 진딧물이 눈에 띄더라도 개미만 있어준다면 식물에 접근하는 다른 해충은 쫓아낼 수 있다. 이렇게 생각하면 진딧물이 있는 것도 그리 나쁘지 않다. 그래서 일부러 꿀은 만들지 않고 개미와 진딧물을 위해 기꺼이 장소를 제공해

식해 해충이 식물의 잎이나 줄기 따위를 갉아 먹어 해치는 일
흡즙 진딧물이 식물의 즙을 빨아 먹는 일

❶ 경호원으로 해충을 배제
❷ 천적(포식기생자)에 포식 기생
❸ 천적의 천적(2차 포식기생자)을 배제해 천적 보호

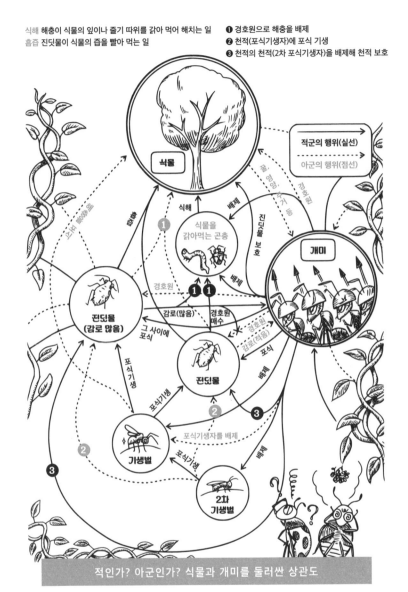

적인가? 아군인가? 식물과 개미를 둘러싼 상관도

주는 식물도 있다.

어제의 친구가 오늘의 적, 속일 요량이었지만 속고 말았다. 대체 누가 이득을 봤을까? 도저히 모르겠다. 당분간 상황은 수습되기 힘들 것 같다. 닥치는 대로 이야기를 전개하는 막장 드라마와 막상막하로 엄청 복잡한 관계다. 이 드라마에 훈훈한 결말이 가능할까?

그래도 어쨌든 각각의 의도대로 나름 살아남았다. 개미와 식물과 진딧물과 기생벌과 또 다른 기생벌, 이해하기 힘든 이 관계도 제대로 균형은 유지되고 있다. 자연계는 참으로 대단한 프로듀서다.

04

식물 체내에 동거하는 공생균

악의 음모

거대한 악의 무리가 개발한 신종균. 이 균에 감염되면 뇌를 조종당해 악의 무리가 명령하는 대로 정의로운 영웅에게 덤벼든다.

"뭐야, 시민에게는 손을 대지 않겠다!"

영웅에게 닥친 절체절명 위기. 하지만 영웅은 필살기로 잽싸게 신종균 두목을 쓰러뜨리고 균의 지배로부터 사람들을 해방

시켰다.

"괜찮습니까?"

달려오는 영웅에게 사람들은 멀뚱한 표정으로 말한다.

"대체 제가 뭘 하고 있었던 걸까요?"

"균에 조종당하고 있었어요. 이제 괜찮을 겁니다."

영웅의 활약으로 도시는 평화를 되찾았다.

TV 영웅 드라마에 단골로 등장하는 스토리다. 어차피 아이들 대상 이야기지만, 무언가에 조종당해 악당이 되다니 정말이지 안이한 설정이다.

그러나 자연계로 눈을 돌려보면 얼렁뚱땅 아이들을 속여넘기는 정도로는 해결되지 않는다.

스스로 새에 먹히는 달팽이

레우코클로리디움(Leucochloridium)이라는 기생충에 기생하는 어떤 종류의 달팽이는 정말 기묘한 행동을 한다. 달팽이는 보통 습한 응달에서 사는데, 어쩐 일인지 이 달팽이는 양지바른 잎 위를 종횡무진으로 움직인다.

최면술에 걸린 사람은 눈을 보면 정상인지 아닌지를 안다는 데, 이 달팽이 역시 눈을 보면 무언가에 조종당하고 있음이 분명하다. 달팽이의 뾰족한 눈은 끝이 이상하리만치 볼록하고 묘한 줄무늬 물체가 움직이고 있다. 공포 영화에서 봤음직한 기분 나쁜 눈이다. 이 눈 속에서 돌아다니는 줄무늬 물체가 바로 달팽이를 조종하는 기생충이다. 기생충은 달팽이 눈 속을 제멋대로 돌아다니며 줄무늬를 눈에 띄게 하여 새를 불러들인다.

기생충이 새를 불러들이는 데에는 이유가 있다. 레우코클로리디움은 원래 새의 기생충으로 기생충이 새의 체내에서 슨은 알은 새똥과 함께 체외로 배출된다. 그리고 달팽이가 이것을 먹을 때 달팽이 입속으로 함께 딸려와 체내로 침입한다. 인간이라면 어머니가 "그러니까 먹기 전에 손 씻으라고 했잖아!" 하고 혼을 내겠지만, 유감스럽게도 달팽이는 손이 없다. 위풍당당하게 달팽이 체내로 침입한 기생충의 마지막 난관은 바로 달팽이 체내에서 새의 체내로 이동하는 것이다.

이로써 모든 게 이해되었을 것이다. 마치 자기를 잡아먹으라는 듯 잎 위로 이동하는 달팽이의 특이한 행동은 기생충이 새의 체내로 침입하기 위함이었다. 이렇게 달팽이와 함께 새에게 먹힌 기생충은 무사히 새의 체내로 들어올 수 있었다. 물론 기생충에게 조종당한 달팽이의 목숨과 맞바꾼 결과다. 얼마나 무시

무시한 이야기인가.

식물을 감염시키는 독

물론 식물에도 체내에 사는 기생충의 영향을 받은 예가 존재한다. 신약성서 〈마태복음〉에 독보리라는 식물 이야기가 등장한다. 보리밭의 심각한 잡초인 독보리는 이름 그대로 가축이나 사람이 실수로 먹으면 식중독을 일으킨다.

고대부터 유독식물로 알려져 사람들을 괴롭혀온 독보리. 그런데 자세히 조사해보니 원래는 독보리도 해로운 식물이 아니었다. 그런데 왜 옛날부터 독보리를 먹으면 식중독을 일으킨다고 했을까?

사실 식물 체내에서는 엔도파이트(endophyte)라는 균이 숨어서 부지런히 독소를 만들어낸다. 그리고 독보리는 이 엔도파이트에 감염되어 무서운 식물로 자라난다.

엔도파이트는 아주 먼 옛날부터 독보리 체내에 기생했다. 엔도파이트는 씨앗도 감염시켜 한번 감염되면 자자손손에 이르기까지 계속해서 감염된다. 엔도파이트와 독보리가 공생한 역사는 매우 오래되어, 고대 이집트 파라오 무덤에서 발견된 독보리 씨앗도 이미 엔도파이트에 감염된 상태였다고 한다.

그러나 독보리는 절대 특수한 사례가 아니다. 엔도파이트는 다양한 식물을 감염시킨다. 목초도 감염시켜 식물 체내에서 독소를 생성하여 가축의 중독을 일으키는 원인이 되기도 한다.

슈퍼식물로 변신

그런데 골프장 잔디는 일부러 엔도파이트에 감염시킨다고 한다. 그런 위험천만한 엔도파이트에 감염되어도 괜찮을까?

엔도파이트 종류는 매우 다양하다. 개중에는 독성이 아닌 유용한 기능을 부여하는 엔도파이트도 적지 않다. 이를테면, 엔도파이트에 감염된 식물이 병충해에 저항성을 갖거나, 건조에 강해지기도 한다. 그래서 병충해나 건조가 우려되는 골프장 잔디에는 인공적으로 엔도파이트를 감염시키기도 한다.

점령하여 조종하는 기생충과 달리, 기생식물은 체내에 들어와 강인한 능력을 부여하는 고마운 존재다. 마치 스파이더맨이 거미에게 물려 초인적인 힘을 갖게 되거나, 사고사한 하야타 대원의 몸에 울트라맨이 생명을 불어넣는 듯한 성공 스토리다.

우리도 엔도파이트에 감염되어 초인적인 힘을 얻을 수 있다면 엄청 멋있지 않을까. 갑자기 영어가 술술 나온다거나 강철 체력으로 맡은 일을 척척 해냈을 때 동료의 놀란 얼굴이 떠오르지 않는가. 엔도파이트라는 이름만 들어도 힘이 불끈 솟는 멋지고 강한 이미지가 떠오른다. 열정으로 똘똘 뭉쳐 학생들을 지도하는 열혈교사 같은 존재다. 제발 인간을 감염시키는 엔도파이트도 생겼으면 좋겠다.

사실 이 엔도파이트의 파이트는 '싸운다(fight)'는 의미의 파이트가 아니다. 식물(phyte)이라는 의미다. 덧붙이자면 엔도(endo)는 내부라는 의미로 엔도파이트는 식물의 체내라는 의미의 조어다.

체내에 기생하는 엔도파이트가 식물에 다양한 능력을 부여하는 것은 절대 식물의 꿈을 이뤄주기 위함이 아니다. 엔도파이트는 식물의 체내를 생활 터전으로 삼는다. 따라서 자기가 기생하는 식물이 병에 걸리거나, 먹히거나, 말라버리면 자신의 생존도 위협받는다. 그래서 식물을 감염시켜 더 강하게 만든다. 그렇게 생각하면 독보리의 독성 능력도 동물이나 사람이 먹지 못한다는 점에서 매우 효과적이다.

모든 상황이 엔도파이트 상황에 맞춰진 듯하지만, 식물도 별로 불만은 없다. 엔도파이트가 기생한 덕분에 자기 능력도 높아지고 살아남을 가능성도 커졌기 때문이다.

왜 남자와 여자가 있을까?

식물 체내에 기생하는 엔도파이트에겐 다른 균류에 없는 큰 특징이 있다.

균류의 번식은 불완전세대와 완전세대, 이 두 가지로 크게 나뉜다. 불완전세대는 균사 등을 이용하여 증식하는 방법이다. 이에 반해 완전세대는 암수 협력으로 자손을 남기도록 수정을 통해 유성포자를 만드는 세대다.

그런데 엔도파이트 중에는 완전세대를 갖지 않는 균이 있다고 한다. 암수가 없다는 것은 대체 어떤 의미일까?

라디오의 어린이 전화상담 프로그램에서 4세 남자아이가 이런 질문을 하는 것을 들은 적이 있다.

"왜 남자와 여자가 있나요?"

제대로 정곡을 찌른 질문이다. 하지만 전문가 패널은 모두 횡설수설이다. 과연 당신이라면 4세 남자아이에게 어떻게 설명했을까?

전문가의 설명은 이랬다.

"X염색체와 Y염색체가 있는데 염색체가 뭔지 알고 있나요?"

물론 4세 아이가 염색체를 알 리 없다. 순진무구한 아이를 억지로 이해시키고 전화를 끊으려던 찰나, 여성 사회자가 마지막에 이렇게 말을 걸었다.

"○○어린이는 유치원에서 남자친구랑만 노는 게 재밌나요? 여자친구랑도 함께 노는 게 재밌나요?"

"여자친구랑도 같이 노는 거요."

멋진 답변이다. 아이는 이해하고 전화를 끊었다. 절대 아이를 속인 게 아니다. 사회자의 답변이야말로 생물에 암수가 있는 이유의 핵심을 꿰뚫었다.

세포분열로 증식하는 무성생식으로는 자기와 똑같은 형질을 가진 클론이 생길 뿐이다. 그러나 암수가 섞여 유전자를 교환하는 유성생식에서는 부모 형질을 물려받으면서도 부모와 다른 엄청나게 다양한 자손이 생겨난다. 이 다양성 창출이 유성생식의 이점이다. 다양한 형질의 자손을 남김으로써 다양한 환경에 적응할 수 있는 것이다. 또한 부모보다 뛰어난 개체가 생기기도 하므로 진화 속도를 현격히 올릴 수 있다. 사회자가 그렇게까지 생각하고 말했는지는 모르겠지만, 다양성이 풍부할수록 좋다는 생물의 가치관을 '재미있다'고 표현한 점이 기가 막히다.

하지만 반드시 유성생식이 낫다고 말할 수 없는 게 어려운 부분이다. 암수가 함께 자손을 만드는 유성생식은 어쨌든 효율적인 번식 방법이 아니다. 예를 들면, 암수가 수정하여 번식하는 생물이 '암'만으로 번식할 수 있다면 세상의 모든 것은 '암'이 되므로 그것만으로도 번식의 효율성은 두 배나 오른다. 또한 암수가 만나는 일 역시 절대 간단하지 않다. 식물은 꽃가루를 암술로 보내기 위해 상당히 고생하고, 동물은 암컷을 쟁취하기 위해 싸우거나 쓸데없이 에너지를 허비한다. 그렇게 난관을 극복하더라도 순조롭게 자손을 남길 수 있다는 보장은 전혀 없다.

게다가 설령 자손을 남기더라도 반드시 부모보다 뛰어나리라는 보장이 없다. 자신이 뛰어난 개체라면 다른 개체와 수정하느니 차라리 자신의 클론을 만드는 편이 훨씬 확실하고 유리한 번식 방법이 아니겠는가.

붉은 여왕 이론

그런데도 식물과 동물은 대부분 암수 성별을 갖고 유성생식으로 번식하는 길을 택했다. "왜 남자와 여자가 있나요?" 4세 남자아이의 의문은 유감스럽게도 완전하게 해명되지 않았다.

하지만 최근 들어 그 수수께끼를 푸는 '붉은 여왕 이론'이라는 학설이 주목받고 있다. 루이스 캐럴의 명작《이상한 나라의 앨리스》의 속편《거울 나라의 앨리스》에서 붉은 여왕은 앨리스에게 이렇게 가르친다.

"이 나라에서는 달리지 않으면 뒤로 물러나기 때문에 계속 달려야만 한다."

이 말을 들은 앨리스도 붉은 여왕과 함께 달리기 시작하지만, 주위 풍경은 조금도 바뀌지 않는다. 주위 풍경도 온 힘을 다해 앨리스와 같은 속도로 움직인 것이다. 그래서 그곳에 머물러 있으려면 계속해서 전력으로 달려야만 한다.

생물 진화도 이 이야기와 닮았다. 병원균으로부터 몸을 지키기 위해 식물이나 동물 등 숙주가 되는 생물은 방어 수단을 진화시킨다. 한편, 병원균은 그 방어 수단을 파괴하고 감염시키는 방법으로 진화했다. 그러자 숙주가 되는 생물은 더 새로운 방어 수단을 진화시킨다. 숙주와 병원균은 지금까지 아주 오랫동안 이런 전쟁을 끊임없이 이어왔다. 진화를 게을리하면 살아남을 수 없는 숙명이랄까. 끊임없이 진화의 길을 달려왔다.

병원균은 돌연변이가 일어나기 쉬워 비교적 변화에 취약하다. 그래서 숙주가 되는 생물도 병원균으로부터 몸을 지키려면 항상 새로운 방어 수단을 개발해야 한다. 그럴 때 빛을 발하는 것이 유성생식이다. 암수 수정으로 자손을 남기는 유성생식이라면, 반드시 부모와는 다른 형질의 자손이 생겨난다. 즉 계속 변화할 수 있다. 설령 부모 세대의 방어 수단을 파괴하는 병원균이 등장했더라도 그 자손은 다양하게 새로운 방어 수단을 갖기 때문에 병원균의 감염을 막을 수 있다.

상황이 이러니 병원균도 마냥 손 놓고 있을 수만은 없다. 병원균도 끊임없이 변화하며 진화 속도를 더 올려야 한다. 그를 위한 수단은 물론 완전세대의 유성생식이다.

이렇게 병원균과 숙주가 되는 생물이 계속 변화하므로 생물은 유성생식을 하고, 그렇기에 암수의 존재 의의가 있다는 것이 붉은 여왕 이론이다.

이 이론이 맞는지는 앞으로의 연구에 더욱 박차를 가해야 알게 되겠지만, 병원균과 숙주가 되는 생물이 오랫동안 계속 앞만 보고 달려온 것은 틀림없는 사실이다.

붉은 여왕의 저주를 풀다

엔도파이트도 원래는 식물의 병원균이었다. 물론 엔도파이트의 선조도 식물을 감염시켜 살아남았기에 계속 달릴 것을 강요받았을 것이다. 그래서 유성생식을 하는 완전세대를 갖고 있었을 것이다.

앞서 소개한 《거울 나라의 앨리스》에서 앨리스는 붉은 여왕에게 이렇게 되받아친다.

"난 그렇게 달리고 싶지 않아요."

앨리스 말에 정신이 번쩍 든 걸까. 한 엔도파이트 역시 달리는 것을 멈췄다. 그리고 병원균에서 손을 씻고 식물 체내에서 식물과 함께 살아가는 길을 택했다. 더는 식물과 진화를 다툴 필요가 없다. 이리하여 엔도파이트는 완전세대를 포기하고 효율적인 무성생식만으로 살아갈 수 있게 되지 않았을까?

숙주가 되는 생물이 방어 수단을 발달시키면 병원균은 그것을 무너뜨리는 방법을 익힌다. 그러면 숙주는 또 새로운 방어 수단을 익힌다. 쳇바퀴 도는 듯한 진화 경쟁은 인류의 군비 확장 경쟁을 보는 듯하다. 숙주도 병원균도 진화를 이뤘다고 뭔가 달라지지는 않는다. 살아남기 위해, 그곳에 계속 머물기 위해 끊임없이 달릴 뿐이다. 서로가 핵미사일을 늘리는 데 급급한 무익한 군비 확장 경쟁 같다고나 할까.

하지만 엔도파이트는 달리는 것을 멈췄다. 끝이 보이지 않던

허무한 전쟁에 종지부를 찍었다. 붉은 여왕의 저주를 푼 용기 있는 결단이다. 그리고 결과적으로 식물과 함께 살고 함께 성공하는 공생관계를 구축했다.

엔도파이트, 우연이라고 하나 그 이름에는 파이트(fight), 엔드(end)의 의미가 숨어 있다.

우리 인류의 군비 확장 경쟁은 어떤가. 끝이 보이지 않는 전쟁은 언제까지 계속될까? 우리는 정말 이대로 계속 달리는 것밖에 다른 방법은 없는 걸까?

05

콩 뿌리에 붙어사는 뿌리혹박테리아

풋콩 속의 우주

　퇴근길에 가볍게 마시는 생맥주 한 잔, 목욕 후에 들이켜는 시원한 캔맥주 맛은 말하지 않아도 알 것이다. 그리고 맥주 안주로 빼놓을 수 없는 풋콩.

　풋콩과 맥주의 궁합은 가히 환상적이다. 풋콩은 알코올 분해를 도와 간의 부담을 덜어주는 작용이 있는 비타민 C와 비타민 B1, 아미노산인 메티오닌 등의 성분을 많이 함유하여 맥주 안

주로 기가 막힌 조합이다.

풋콩은 가지콩이라는 별칭처럼 가지째 팔리기도 한다. 완두콩이나 강낭콩 등 다른 콩류가 깍지째 팔리는 데 반해, 풋콩은 가지째 수확하여 그대로 팔린다. 최근에는 깍지를 떼어 망에 담아 팔기도 하던데, 풋콩은 가지에서 깍지를 떼면 단번에 맛이 떨어진다. 역시 풋콩은 옛날부터 가지째 수확하는 게 최고다.

본격적인 풋콩 이야기로 들어가보자. 풋콩은 포기째로도 팔려 뿌리를 관찰하기에 아주 좋다. 풋콩 뿌리를 자세히 살펴보면 수 밀리미터 크기의 둥근 컵 같은 게 많이 달려 있다. 얼핏 보기에 병이 아닐까 싶겠지만, 그렇지는 않다. 이것은 뿌리혹(根粒)이라 불리며 속에는 뿌리혹박테리아(根粒菌)라는 박테리아가 살고 있다. 세상에, 놀랍게도 이 뿌리혹 한 톨에는 100억 개나 되는 뿌리혹박테리아가 산다. 작디작은 뿌리혹 한 톨에 지구 인구보다 많은 균이 살고 있다. 울트라맨에 등장하는 바루탄 우주인은 이주할 곳을 찾아 20억 3,000만 명이 우주선으로 여행을 한다는 설정이었다. SF라고 하나 어린 마음에도 말도 안 되는 이야기라 생각했다. 그런데 바루탄 우주인보다 엄청난 일이 풋콩 뿌리 한구석에서 일어나고 있다.

이 뿌리혹은 풋콩뿐만 아니라 콩과 식물에서 널리 볼 수 있다. 야외에서 자운영이나 토끼풀, 목초 같은 콩과 식물 뿌리를 파보면 풋콩처럼 뿌리혹이 붙어 있다.

뿌리혹박테리아는 이렇게 뿌리혹에 집을 빌려 콩과 식물 체내에 기생한다. 중요한 뿌리 속에 이렇게 많은 박테리아가 살고 있다니, 식물도 당혹스럽지 않을까 걱정되겠지만, 콩과 식물도 만만치 않다. 사실 뿌리혹박테리아는 식물에게도 고마운 존재다.

특수 능력 소유자 뿌리혹박테리아

만화 〈큐티 하니〉의 주인공 큐티 하니는 외모는 평범한 여자아이지만 그 정체는 공중원소고정장치를 장착한 안드로이드다. 큐티 하니는 공기 중의 원소로 옷을 만들어 어떤 옷으로든 변신하는 능력을 갖췄다. 그때까지 입고 있던 옷을 공중에 날려버리고 대기 중 원소로 만든 옷을 순식간에 장착하여 변신한다. 어린 시절 화려한 색감의 옷들로 변신하는 장면에 마음이 설레었던 추억을 간직한 사람은 나만이 아닐 것이다.

큐티 하니는 이 변신 능력을 구사하여, 공중원소고정장치를 빼앗으려고 계략을 꾸미는 악의 무리에 맞서 싸움을 펼친다는 것이 만화의 주된 스토리다. 공상 만화에 등장하는 공중원소고정장치라는 꿈의 시스템. 콩과 식물은 이 공중원소고정장치를 현실에서 손에 넣는 데 성공했으니, 바로 뿌리혹박테리아가 그것이다.

뿌리혹박테리아는 공기 중 질소를 흡수하는 특수한 능력이 있다. 질소는 식물 성장에 빠트릴 수 없는 원소다. 보통의 식물은 흙 속에 있는 질소를 흡수하여 이용하는데, 흙 속에 항상 질소가 풍부하게 있는 것은 아니다.

한편, 질소는 지구 대기의 78%를 차지하는 주성분이다. 공기 중 질소를 흡수할 수 있다면 풍부한 질소 자원을 활용할 수 있다. 콩과 식물은 모두가 부러워하는 그 꿈을 실현했다. 즉 뿌리혹박테리아를 체내에 살게 하며 대기의 주성분인 질소를 획득한 것이다.

콩과 뿌리혹박테리아의 만남

콩과 식물은 성장 과정에서 뿌리에 뿌리혹박테리아를 살게 한다. 콩과 식물과 뿌리혹박테리아의 첫 만남은 감동적이다.

뿌리혹박테리아는 콩과 식물 뿌리에서 분비되는 후라보노이드라는 물질에 의지하여 뿌리털 끝에 이른다.

"실례합니다. 누구 없나요?"

마치 인사라도 하듯, 뿌리혹박테리아는 식물을 향해 어떤 물질을 내뿜는다. 뿌리혹박테리아의 인기척을 느낀 콩과 식물 뿌리가 뿌리혹박테리아를 환영이라도 하듯 포근히 감싸면 마침내 뿌리혹박테리아는 세포분열을 반복하면서 뿌리 속으로 진입해간다.

이때 신기한 현상이 일어난다. 식물세포가 뿌리혹박테리아를 인도하듯이 뿌리 속에 통 모양의 길을 만든다. VIP를 맞이하는 레드카펫 같다. 주위에서는 식물세포의 갈채가 들려오는 듯하다. 뿌리혹박테리아가 지나는 뿌리털 끝에서도 환영 준비가 한창이다. 식물세포가 분열을 시작하여, 뿌리혹박테리아가 머물 방이 될 뿌리혹 만들 준비를 한다. 마침내 뿌리혹박테리아가 도착하면 뿌리혹박테리아는 널찍한 컵 모양의 뿌리혹 속에서 충분히 증식하여 질소고정을 시작한다.

일반적으로 식물의 뿌리털은 당분이나 영양분을 흡수하기 위한 것이지만, 콩과 식물은 뿌리혹박테리아를 맞기 위해서도 사용한다. 더없이 극진한 환대랄까.

척박한 토지에서도 자라는 콩류

뿌리혹박테리아로서도 질소고정은 엄청난 에너지가 필요한 고도의 기술이다. 그래서 뿌리혹박테리아는 평소에는 질소고정을 할 기력도 체력도 없어 떨어진 잎을 분해하면서 소박하게 살아간다. 그런데 콩과 식물 뿌리에 들어가면 뿌리혹박테리아는 몰라볼 만큼 빠르게 변화한다.

뿌리 속은 뿌리혹박테리아가 안전하게 살아갈 수 있는 쾌적한 장소다. 게다가 생활에 필요한 당분은 식물이 충분하게 제공한다. 활동하기 쉬운 환경과 충분한 보수를 받게 된 뿌리혹박테리아는 갑자기 의욕이 불끈 솟아 질소고정 능력을 발휘한다. 콩과 식물과의 만남이 뿌리혹박테리아의 숨은 잠재능력을 끌어낸 것이다. 콩과 식물 같은 회사로 이직하고 싶은 분들도 많지 않을까.

물론 뿌리혹박테리아의 활동은 콩과 식물에도 큰 이익을 가져다준다. 뿌리혹박테리아 활동으로 콩과 식물은 질소가 적은 척박한 토양에서도 자랄 수 있다. 옛날부터 사람들이 콩과 식물을 귀하게 여긴 것은 척박한 토양에서도 재배할 수 있었기 때문이다. 풋콩은 옛날에는 논두렁에 많이 심어서 두렁콩이라 불렸

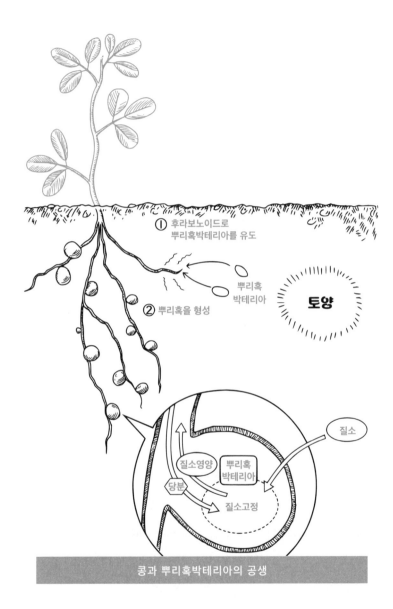

① 후라보노이드로
뿌리혹박테리아를 유도

뿌리혹
박테리아

② 뿌리혹을 형성

토양

질소

질소영양

뿌리혹
박테리아

당분

질소고정

콩과 뿌리혹박테리아의 공생

고, 모내기 전에는 논두렁에 콩과 식물인 자운영을 심었다. 이것도 공기 중 질소를 흡수하여 논의 질소 성분을 높이고자 했던 옛사람들의 지혜다.

격렬한 전쟁 끝에 공생

식물은 뿌리혹박테리아에게 살 곳과 영양분을 제공하고, 뿌리혹박테리아는 공기 중 질소를 고정하여 식물에게 준다. 콩과 식물과 뿌리혹박테리아는 환상의 상부상조 관계를 구축하고 있다. 이처럼 서로에게 이익이 되는 관계를 공생이라 부른다.

물론 이러한 공생관계가 쉽게 구축될 리 없다. 콩과 식물과 뿌리혹박테리아가 공생하려면 꼭 해결해야 할 심각한 문제가 하나 있다. 뿌리혹박테리아가 공기 중 질소를 흡수하려면 엄청난 에너지가 필요한데, 그 에너지를 만들기 위해 뿌리혹박테리아는 산소 호흡을 한다. 하지만 질소고정에 필요한 산소는 산소가 있으면 활성화하기 어렵다. 즉 호흡을 위한 산소를 운반하고 여분의 산소는 재빨리 제거해야만 한다. 그렇다면 대량의 산소를 어떻게 정확하게 조절할까? 이 문제를 해결하기 위해 콩과 식물은 산소를 효율적으로 운반하는 레그헤모글로빈(leghemoglobin)을 만들어냈다.

우리 인간의 혈액 속 적혈구에는 헤모글로빈이 있어 폐에서 체내로 산소를 효율적으로 운반한다. 콩과 식물이 가진 이 레그헤모글로빈은 인간의 헤모글로빈과 상당히 비슷하다. 콩과 식물의 신선한 뿌리혹을 자르면 놀랍게도 피가 물든 것처럼 옅은 붉은색으로 물들어 있다. 이것이 콩과 식물의 혈액, 레그헤모글로빈이다. 콩과 식물은 뿌리혹박테리아와의 공생을 실현하기 위해 급기야 혈액까지 손에 넣었다. 과연 피 맺힌 노력이라 할 만하다.

레그헤모글로빈을 손에 넣음으로써 콩과 식물과 뿌리혹박테리아는 함께 살아갈 수 있게 되었다. 피의 동맹을 맺은 콩과 식물과 뿌리혹박테리아다. 그들 공생관계에는 다른 이들은 절대 헤아리지 못할 깊은 유대가 있음이 틀림없다.

그런데 말이다. 뿌리혹박테리아가 콩과 식물과 공생하는 과정은 병원균이 식물을 감염시키는 과정과 비슷하다. 따라서 뿌리혹박테리아와 콩과 식물 관계도 처음에는 적대관계에서 시작했을 것이다. 뿌리혹박테리아는 원래 병원균으로 식물을 감염시키려고 뿌리로 다가왔다. 물론 콩과 식물도 감염당하지 않으려고 격렬하게 저항했을 것이다. 병원균과 식물이 격렬한 투쟁을 반복하며 펼치는 진화 과정에서 아무래도 서로 싸우느니 함께 협력하는 게 낫다는 결론에 이르지 않았을까. 그리고 사력을 다한 투쟁 끝에 공생관계를 구축하게 되었을 것이다.

"넌 정말이지 만만치 않은 상대였어!"

"아니야, 너야말로!"

격렬하게 치고받으며 싸운 끝에 오히려 사이가 돈독해지는 청춘 드라마의 남자들 우정 같다고나 할까. 이들은 서로를 인정하며 함께 살아간다. 공생, 이 한없이 아름다운 말의 울림. 얼마나 따뜻한 휴머니즘으로 가득한 이야기인가. 우리 인간도 평화를 사랑하며 서로 도와야 한다. 이런 교훈으로 마무리된다면 해피엔딩이겠지만, 이야기는 그리 간단하게 끝나지 않는다.

공생의 고뇌

콩과 식물과 뿌리혹박테리아는 정말 사이좋게 공생하고 있을까? 자세히 살펴보니 딱히 그렇지도 않아 보인다. 이 둘의 관계에서는 콩과 식물이 한 수 위다.

뿌리혹박테리아는 콩과 식물에 없어서는 안 될 파트너지만, 너무 많아져도 곤란하다. 뿌리혹박테리아에 제공하는 당분 양도 만만치 않다 보니 뿌리혹박테리아가 너무 많아지면 콩과 식물도 마냥 사람 좋게만 있을 수는 없다.

앞서 콩과 식물이 뿌리혹박테리아를 맞기 위해 뿌리 안에 통로를 만든다는 이야기를 했다. 그러나 이 통로는 대부분 도중에 막다르게 되어 있다. 뿌리혹박테리아를 무턱대고 다 받아들일 수 없기 때문이다. 사실 콩과 식물은 질소의 양을 확인하고 있다.

콩과 식물은 상황을 보면서 맞이할 뿌리혹박테리아 수를 신중하게 판단한다. 만일 맞이한 뿌리혹박테리아만으로 질소가 충분히 공급된다면 더는 새로운 뿌리혹박테리아를 맞을 필요가 없다. 그래서 뿌리의 통로를 막았다가 필요해지면 다시 통로를 열어 필요한 만큼 뿌리혹박테리아를 받아들인다. 즉 유능한 뿌리혹박테리아는 대부분 콩과 식물의 연약한 뿌리털 속에서 사육 상태에 있다.

또한 질소고정 능력이 약한 뿌리혹박테리아에게는 영양분 공급을 중단한다. 일을 못해서 도움이 되지 않으면 죽여버린다. 콩과 식물의 컨트롤은 잔혹하다. 공생이라고 하여 절대 달콤한 관계가 아니다. 아니, 누가 콩과 식물 같은 회사로 이직하고 싶다고 떠벌렸는가.

애초에 뿌리혹박테리아 역시 병원균으로 식물을 감염시키려고 다가왔다. 식물 체내에 침입하여 슬그머니 공생관계로 자리 잡은 뿌리혹박테리아도 손해 볼 건 없으니 딱히 불평하지 않는다. 도긴개긴이다. 사이좋게 지내자는 환한 웃음 뒤에 숨은 양자의 저의. 공생이라고 해도 어차피 에고이즘과 에고이즘의 충돌에 지나지 않으므로 자연계는 방심할 수 없다.

앞면이 있는가 하면 뒷면도 있다. 이것이 자연계의 거짓 없는 실상이다. 이런 자연계에서 사랑과 유화를 이상으로 내걸고 공생하는 인류는 매우 특수한 종족이다. 혹은 그렇기에 인류는 존재 가치가 있는 귀중한 생물이라고도 하겠다. 잔혹하고 살벌한 자연계에서 인간과 같은 사고를 지닌 생물이 성공적으로 번영하고 있다는 것은 정말이지 신의 기적이다.

06

동물이 옮겨다주는 씨앗

수박의 소문

실수로 수박씨를 삼켜버리면 뱃속에서 싹이 난다.

이런 말을 종종 듣는데, 대체 이 말은 사실일까? 식물의 씨앗이 발아하는 데 필요한 요소는 수분, 습도, 산소, 이 세 가지다. 위 속은 수분도 충분하고 습도도 높다. 산소까지 있으니 정말 뱃속에서 싹이 틀까?

물론 수박씨를 삼켰다고 뱃속에서 싹이 트지 않을까 하는 걱정은 접어두자. 위액의 주성분은 염산으로 위 속은 강산성 상태다. 위 속은 모든 것을 녹이는 용광로와 같다. 도저히 싹을 낼 만한 곳이 아니다. 생존조차 어렵다.

그런데 수박씨는 위 속에서 싹을 내지도 않고, 소화도 되지 않은 채 살아남는다. 그 이유는 수박씨가 딱딱하고 튼튼한 유리질로 덮여 있어 강력한 소화력을 가진 위에서도 소화되지 않고 유유히 빠져나올 수 있기 때문이다.

실수로 삼킨 수박씨가 걸려 충수염이 되었다는 말도 들리는데, 이 말은 사실일까? 위에서 싹을 내지 않더라도 가늘고 긴 수박씨가 복잡하게 구부러진 장을 통과할 수 있을까? 맹장에 걸려 싹을 내지는 않을까?

물론 이것도 미신이다. 수박씨를 삼켰더라도 전혀 걱정할 필요가 없다. 어쩌다 실수로 수박씨를 삼킬 수 있겠지만, 수박씨는 사람 뱃속으로 들어가는 것까지도 감안하고 있다. 그럼 수박씨는 실수로 인간에게 먹힐 위험까지도 염두에 두고 몸을 지키는 능력을 익힌 것일까? 그렇게 이해하기에는 이르다. 수박은 오히려 인간에게 먹히기를 고대하고 노리기까지 했다.

원산지는 아프리카 사막

수박은 풍부한 수분과 단맛이 자랑이다. 한여름 뙤약볕에 지친 몸에 수분을 보급하거나 피로한 몸에 당분을 보충하기에 제격이다.

수박 원산지는 아프리카 사막지대로, 아프리카에서는 지금도 수분 보급원으로 귀한 대접을 받는다. 사막에 사는 사람들에게 수박은 물동이 역할을 한다. 사막같이 열악한 환경 아래에서 수박이 고생 끝에 수분이 듬뿍 든 달콤한 과일을 맺는 데는 이유가 있다. 새나 동물에게 먹히기 위함이다.

굶주린 호랑이에게 몸을 내주는 부처와 같이 사막에서 과일을 주다니 얼마나 자비로운 마음인가. 요즘으로 말하면, 배고픈 사람에게 자기 얼굴을 내주는 호빵맨 같은 영웅이다.

물론 수박이 아무런 보상도 없이 과일을 먹게 해줄 리는 없다. 달게 익은 수박에는 계략이 숨어 있다. 수박의 과일을 탐한 동물이나 새는 수박씨도 함께 삼킨다. 이것이 바로 수박의 계략이다. 그리고 수박씨는 뱃속을 통과하여 똥과 함께 체외로 배출된다.

식물은 동물처럼 자유롭게 움직이지 못하지만, 행동 범위를 넓힐 방법이 딱 한 가지 있다. 바로 씨앗이다. 민들레 씨앗은 선

모로 바람을 타고 멀리 날아가고, 도꼬마리 씨앗은 뾰족한 열매로 옷에 붙어 멀리 옮겨간다. 수박씨가 자진해서 새나 동물 체내로 들어가고 싶어 하는 이유는 바로 여기에 있다. 수박씨는 동물이나 새에 먹혀 여기저기로 옮겨진다. 그래서 수박씨는 먹혀야만 한다.

물론 슬그머니 먹힌 수박씨가 위 속에서 싹을 내거나 맹장에 들러붙는 실수를 할 리 없다. 오히려 수박씨는 되도록 천천히 시간을 들여 위를 통과하며 체내에 머문다. 그렇게 조금이라도 먼 곳까지 옮겨지려 한다. 위 속이든 맹장 속이든 전혀 상관없다는 여유랄까.

수박의 독특한 줄무늬 역시 새나 동물 눈에 띄기 쉽게 발달한 것이다. 그렇게까지 해서라도 수박은 먹히려 한다. 그러고 보면 씨를 삼키지 않고 용기에 뱉어버리는 인간은 아주 밉살스러운 존재다.

붉은색은 먹을 때가 되었다는 신호

수박뿐만 아니라 많은 식물이 새나 동물에 먹혀 씨앗을 옮기는 작전을 택하고 있다. 먹힐 만한 과일이 열리는 식물은 대부분 과일과 함께 씨앗을 먹게 하여 씨앗을 멀리 옮겨간다.

이를테면 사과나 복숭아, 감, 귤, 포도 등 나무 위에서 익는 과일은 빨간색, 주황색, 연분홍색, 보라색 같은 붉은색 계열이 많다. 이것은 새가 붉은색을 가장 잘 인식하기 때문이다. 한편, 익지 않은 과일은 녹색으로 쓴맛이다. 씨앗이 영글지 않았을 때 먹히면 곤란하니 쓴맛이 나는 물질을 축적하여 과일을 지킨다. 그리고 과일 색을 녹색에서 붉은색으로 바꾸어 먹을 때가 되었음을 알린다. '녹색은 먹지 말라!', '붉은색은 먹어도 좋다.' 이것이 식물이 새나 동물과 주고받는 색의 신호다.

숲의 과일을 먹던 원숭이 후손인 인간에게도 붉은색은 과일과 주고받은 약속의 색이다. 붉은색을 보면 사람은 부교감신경이 자극되어 위의 작용이 활발해진다. 햄버거나 피자 같은 패스트푸드점이 붉은색을 적절하게 사용하는 것도 식욕을 돋우는 효과 때문이다. 익은 과일을 방불케 하는 한밤의 붉은 네온사인에 우리가 빨려드는 것도 무리가 아니다.

국경을 넘어 침입하는 식물

트로이 목마는 고대 그리스 시대의 전설이다. 트로이군을 침략한 그리스군은 철옹성 같은 성벽에 주눅이 들어 결국 거대한 목마만 남기고 후퇴한다. 승리에 취한 트로이군은 전리품으로 그 목마를 성내로 옮겨 들였다. 하지만 그것은 그리스군의 책략이었다. 그날 밤 목마 내부에 숨어 있던 그리스군 부대가 나와 순식간에 트로이성을 함락시켰다. 고고학자 슐리만 덕분에 사실로 확인된 트로이 목마 전설, 목마 속에 숨어 난공불락 성으로 멋지게 침입한 그리스군의 책략이 기가 막히게 들어맞은 것이다.

최근 들어 식물도 트로이 목마 전설을 모방한 듯한 방법으로 침투를 꾀하고 있다. 외국에서 국내로 침투하여 정착한 식물을 귀화식물이라고 하는데, 외국에서 수입되는 짐에 들러붙은 씨앗이 국내로 침투한 것이 일반적이다. 그 때문에 귀화식물은 처음에 공항이나 항구 근처에서 주로 발견되다가, 공항이나 항구 근처에 정착하고 나서 차례차례 주위로 퍼져간다. 이것이 귀화식물이 국내에 침투하여 정착하는 패턴이다.

그런데 최근에는 각지에서 믿기 힘든 뉴스가 들린다. 밭 한가운데 불쑥 본 적도 없는 귀화식물이 나타나 작물에 막대한 해를 끼치는 사건이 자꾸 일어난다. 절대 공항이나 항구에서 가까운 곳이 아니다. 게다가 밭 주위나 주변에서 목격되는 것도 아니다. 순간이동이라도 한 것처럼 갑자기 밭 한가운데 떡하니 나타난다. 밀밭에 갑자기 나타난 미스터리 서클은 두 명의 영국인 장난으로 밝혀졌지만, 잡초 출현 미스터리는 어떻게 풀어야 할까?

전국구로 퍼지는 귀화식물

그 패턴은 이렇다.

미국의 옥수수나 대두 밭에서 잡초로 살아가던 귀화식물은 수확한 옥수수나 대두에 씨앗이 섞여 국내로 옮겨졌다. 슬그머니 짐에 섞여 밀항으로 국경을 건너 국내로 침투하는 데 성공한 것이다.

그런데 문제의 잡초들은 그 정도로 만족하지 않는다. 게다가 가만히 숨죽이고 때를 기다린다. 옥수수나 대두는 가축 사료로 사용되는 일이 많은데, 가축이 이 사료를 먹을 때 섞여 있던 잡초 씨앗까지 함께 먹어버린다. 이렇게 잡초 씨앗은 목마 속 그리스군처럼 가축 뱃속에 숨어 있다가 가축 체내에서 소화되지 않고 배설물과 함께 체외로 배출된다. 그리고 이것이 채소밭이나 과수원 퇴비로 사용되면서 마침내 귀화식물 씨앗은 밭 한가운데까지 침투하는 데 성공한다.

소나 말 체내에 잠복하여 보란듯이 침투에 성공한 귀화식물은 트로이 목마처럼 밭에서 차근차근 세력 범위를 넓혀간다. 이 침투를 막을 효과적인 방법은 없다. 귀화식물의 깔끔한 승리다.

작전 수행을 위해 똥 범벅이 되어야 한다는 유일한 단점만 개의치 않는다면 그야말로 완벽한 작전이라고 해도 좋다.

07

발아의 과학

웬만해선 싹이 나지 않는 잡초

'저 녀석은 대체 언제 싹이 나는 거야!'라고 욕을 먹어도 한 귀로 듣고 한 귀로 흘린다. 괜히 마음이 쓰여 일찍 싹을 내면 너무 일찍 나왔다며 싹둑 잘라버린다. 잡초는 그런 세상 이치를 꿰뚫고 있다. 어쨌든 잡초라 불리는 식물은 좀처럼 싹을 내지 않는다. 의외라고 하겠지만, 내버려두면 멋대로 자라는 잡초도 씨앗을 틔워 키우려고 하면 생각 외로 어렵다. 이제나저제나 기다려도 씨앗이 싹을 내지 않는다.

'그렇지 않아. 잡초는 뽑아도 뽑아도 바로 싹이 나던데.'

이렇게 태클을 거는 분도 있을 것이다. 사실 말끔하게 잡초를 뽑아도 며칠만 지나면 다시 자라서 금방 풀숲을 이룬다.

그런데 금방 싹이 나겠거니 하면 좀처럼 나오지 않는다. 잡초 종류에 따라서는 수십 년이나 흙 속에 잠겨 있는 일도 드물지 않다. 이 삐딱한 성질이 과연 잡초답다. 그러나 잡초가 싹을 내는 타이밍을 측정하는 일은 살아남기 위해 정말 중요한 일이다.

발아 타이밍

작은 잡초의 씨앗이 언제 싹을 낼지는 생사와 관련된 중요한 문제다. 타이밍이 잘못되면 연약한 싹은 환경에 적응하지 못해 눈 깜빡할 새 저세상으로 간다.

그래서 작은 잡초 씨앗이 습득한 전략이 바로 휴면이다. 휴면은 문자 그대로 쉬고 자는 것이다. 똑똑한 전략가 잡초는 살짝 맥이 빠지겠지만, 이것이야말로 우리를 제초 고민에 빠지게 하는 고도의 전략이다.

식물의 씨앗이 발아하는 데 필요한 조건은 산소와 수분 그리고 습도 이 세 가지다. 그런데 잡초 씨앗은 이 조건이 갖춰져도 싹을 내지 않는다. 발아에 적합한 환경에서도 싹을 내지 않는 성질이 씨앗의 휴면이다. 물론 휴면이라고 해도 실제로는 쉬지도 자지도 않는다. 발아할 타이밍을 측정하는 중이다.

잡초 씨앗은 주변의 다양한 환경 요인을 복합적으로 파악하면서 발아 타이밍을 판단한다. 단, 발아 타이밍을 정할 중요한 요소가 있으니, 바로 빛이다. 잡초 씨앗은 대부분 빛을 감지하고 싹을 내는 광발아성이라 불리는 성질을 갖고 있다. 애써 발아해도 주위가 이미 강한 식물에 덮여 있다면 작은 싹은 자라기 힘들다. 이와 반대로, 빛이 지면까지 내리쬔다는 것은 지상에 방해가 될 경쟁자가 아무도 없음을 의미한다. 그래서 빛이 비치면 싹이 난다.

제초 후에 잡초 씨앗이 일제히 발아하는 것은 빛을 받는 데 방해가 되는 다른 풀을 인간이 싹 제거한 사실을 알기 때문이다.

잡초에 한하지 않고 빛을 받으면 싹을 내는 성질을 지닌 식물은 많다. 광발아성은 약한 식물이 살아남기 위한 지혜다.

적색광은 나아가라는 신호

다만, 빛이라고 다 좋아하는 것은 아니다. 광발아성 씨앗은 빛의 파장까지 까다롭게 고른다. 씨앗에 적색 빛을 쬐면 발아를 시작하지만, 적색 이외의 녹색 빛은 아무리 쬐어도 발아하지 않는다. '녹색에 가세요, 적색에 멈추세요'라는 인간세계 교통신호와는 정반대라 묘한 느낌이지만, 식물 세계에서는 이것이 상식이다.

식물 잎은 광합성을 하므로 주로 적색광과 청색광을 흡수한다. 적색광이 지면에 도달했다는 것은 빛을 흡수하는 잎이 가려지지 않았다는 확실한 증거다.

이와 반대로 식물 잎은 녹색광은 거의 흡수하지 않으므로, 녹색광은 반사하거나 투과해버린다. 그래서 엽록체가 많이 모여 있는 식물의 잎은 녹색으로 보인다. 지상에 녹색광이 내리쬐더라도 그것은 주위에 방해자가 없다는 것이 아니다. 오히려 녹색광만 내리쬔다는 것은 주위에 식물이 무성함을 의미한다. 따라서 녹색광에서는 씨앗이 발아하지 않는다. 잡초 씨앗은 이렇게 빛의 파장까지 음미하며 신중하게 발아 타이밍을 고른다.

엄청난 발아 에너지

발아할 때의 에너지는 무시무시하다. 불면 날아갈 듯한 한 톨의 작은 씨앗이 발아하기 시작하면 순식간에 호흡량이 증가하여 열을 낸다. 역도 선수가 바벨을 들어올리는 순간의 거친 숨결과 붉으락푸르락한 얼굴을 방불케 하는 박력이다. 작은 돌 정도는 거뜬히 들어올리고 아스팔트를 뚫고 싹을 내기까지 한다. 무심코 땅 위에 모습을 드러낸 작은 싹도 모두 그만큼의 에너지를 쏟고 있다.

대체 이 작은 씨앗의 어디에 그런 에너지가 숨어 있을까.

우리 인간은 식물의 씨앗을 즐겨 먹는다. 매일 먹는 쌀도 벼의 씨앗이고 보리 등의 곡물이나 대두, 완두, 누에콩 등의 콩류, 옥수수도 모두 식물의 씨앗이다.

식물의 씨앗은 식물의 몸이 되는 배(胚)라는 아기 부분과 싹을 내기 위한 영양분이 되는 배유(胚乳)라는 아기의 우유 부분으로 이뤄졌다.

쌀을 예로 들면, 현미에 붙어 있는 배아라고 불리는 부분이 '배'다. 배아를 제거한 백미는 벼의 씨앗인 '배유' 부분이다. 우리는 벼 씨앗의 에너지 탱크를 먹고 있다. 우리 인간도 씨앗과 마찬가지로 소화효소로 전분을 당으로 분해하고 다시 당을 호흡으로 분해하여 에너지를 얻는다. 영양 만점인 밥을 꼭꼭 씹어 먹으면 기운이 나는 것은 씨앗이 발아 에너지를 만들어내는 구조와 완전 똑같다.

콩의 작전

그런데 배유가 없는 씨앗도 있다. 누에콩이나 땅콩의 속껍질을 벗기고 알맹이를 보면, 마치 입체 퍼즐처럼 두 개로 나뉘어 있다. 이것은 쌍떡잎이 될 부분이다. 콩과 식물의 씨앗 속엔 쌍떡잎이 빼곡하게 들어차 있다. 콩과 식물은 두툼한 쌍떡잎 속에 영양분을 담고 있는데, 발아할 때 싹이 큰 쪽이 다른 씨앗의 발아와 경쟁할 때 유리하다. 그 때문에 이런 식물은 체내에 에너지 탱크를 내장함으로써 한정된 씨앗 속의 공간을 효율적으로 활용하여 몸을 키운다. 동체의 운송 공간을 조금이라도 넓히기 위해 비행기의 연료 탱크를 날개 안에 내장하는 것과 같은 사고방식이다.

식물의 씨앗 속에는 발아를 위한 영양분이 듬뿍 담겨 있다. 에너지 탱크에 저장된 영양분을 호흡으로 분해하여 에너지를 만들어, 씨앗은 강력한 힘을 발휘하게 된다.

벼나 옥수수 같은 벼과 식물의 배유 주성분은 전분이다. 이 전분을 분해하여 발아 에너지를 생성한다. 물론 쌀이나 보리,

옥수수의 전분은 우리에게도 살아가기 위한 에너지를 주는 중요한 영양분이다.

자동차 중에도 휘발유로 움직이는 휘발유 차와 경유로 움직이는 디젤 엔진 차가 있듯이 전분 이외의 에너지원을 사용하는 씨앗도 있다. 밭의 고기라 불리는 대두는 단백질을 주 연료로 사용한다. 또한, 해바라기나 유채는 지방을 주 에너지원으로 한다. 해바라기나 유채에서 풍부한 오일을 채취할 수 있는 것은 그 때문이다.

곰팡이가 영양분인 씨앗

씨앗이 지닌 영양분은 부모인 식물이 챙겨준 도시락 같은 존재다. 이 도시락으로 뿌리와 잎을 늘리고 마침내 배유 에너지를 다 사용하면 스스로 살아가게 된다.

그런데 세상에는 도시락을 챙겨주지 않는 식물도 있다. 이 식물은 어쨌든 씨앗을 많이 만든다. 꽃 한 송이에 수백만 개의 씨앗이 붙어 있으니 난감하다. 이렇게나 자식이 많으면 모든 자식에게 일일이 도시락을 만들어줄 여유가 없다.

부모의 사정도 이해하지만, 영양분이 전혀 없으면 애써 생명을 부여받은 씨앗도 싹을 낼 수 없다. 영양분을 받지 못한 씨앗은 어떻게 싹을 낼까?

눈앞에 닥친 큰일을 해결하려면 다른 일의 희생은 감수할 수밖에 없다. 살아남기 위해 씨앗은 무시무시한 방법을 생각해냈다. 대체 어떤 방법일까? 놀랍게도 씨앗은 곰팡이를 끌어들여 스스로 곰팡이에 감염된다. 무슨 생각으로 이런 일을 벌일까? 사춘기 아이처럼 반항이라도 하듯 자폭하려는 것일까?

그러는 동안에도 곰팡이는 균사를 늘려가고 씨앗의 죽은 세포를 소화 흡수하여 성장해간다. 그런데 어느 순간 씨앗 세포가 반격을 개시한다. 씨앗 속 세포가 성장한 곰팡이의 균사를 소화 흡수하여 영양분을 얻는다. 씨앗은 곰팡이에서 얻은 영양분을 이용하여 발아하기 시작한다. 이것이 이 씨앗의 발아법이다. 정말이지 살을 내어주고 뼈를 취하는 아슬아슬한 작전이 아닌가.

이 식물은 바로 난이다. 아름다운 난에 왠지 모를 요염함이 느껴지더라니, 이토록 살벌하게 성장하고 있었다. 싹을 틔운다는 것은 참으로 엄청난 일이다.

08

건조에 강한 식물 시스템

잡초는 왜 강한가

불교 교의에 이런 우화가 있다.

"논밭의 식물은 가뭄에는 시들고 비가 오면 자란다. 이는 인간의 힘으로 심는 까닭이다. 길가에 자란 어린 풀은 흙에서 나서 인간의 힘이 미치지 않는다. 그러므로 대지의 수분 덕분에 가뭄에도 시들지 않는다."

매일 물을 주고 정성을 쏟는 꽃이나 채소는 여름 더위에 시들고 있는데, 길가의 잡초는 푸릇푸릇 생생하다. 이런 모습은 우리도 자주 봐왔다. 자연에는 인간의 힘이 미치지 않는 강인함이 있다. 이 가르침은 우리 인간이 헤아릴 수 없는 큰 힘의 존재를 말한다.

실제로 길가의 잡초는 강하다. 그러니까 잡초라고 하면 더는 할 말이 없지만, 생각해보면 신기하다. 왜 잡초는 건조한 환경에서도 강하게 살아갈 수 있을까?

금이야 옥이야 키운 작물이나 원예식물에 비하면 확실히 잡초는 열악한 환경에 놓여 있다. 그런 만큼 단련이 되어 강해졌을 수도 있다.

물을 충분하게 받은 식물은 뿌리를 필요 이상으로 뻗지 않는다. 불필요하게 에너지를 쓰느니 가지나 잎을 늘리는 편이 낫기 때문이다. 전형적인 예로 구근의 수경 재배를 들 수 있다. 수경 재배를 하면 뿌리를 몇 가닥 정도만 늘릴 뿐, 흙에서 키울 때처럼 많은 뿌리를 휘감거나 하지 않는다. 뿌리를 늘리지 않아도 풍족하게 물을 흡수할 수 있기 때문이다.

그러나 물을 받지 못하게 되었을 때, 뿌리의 양이 부족하면 건조에 약해질 수밖에 없다. 반대로 수분이 적은 상태에서 키우면 열심히 뿌리를 늘리고, 뿌리의 양을 늘렸기 때문에 수분이 적은 건조한 흙 속에서도 물을 흡수할 수 있다. 열악한 환경에서 자란 잡초가 가뭄에 강한 이유 중 하나는 여기에 있다.

여름은 광합성의 천국

뿌리의 양은 식물이 건조에 얼마나 강한지를 결정하는 중요한 요소다. 하지만 잡초와 작물은 태생적으로 결정적인 차이가 있다. 사실 여름에 번성하는 잡초는 대부분 터보 엔진을 탑재했다.

요란스러운 소리는 내지 않아도, 식물은 여름 뙤약볕 아래서 엔진을 가동한다. 자동차 엔진이 휘발유를 연소하여 동력을 가하듯이, 식물은 대사 사이클을 완전 회전하고 빛 에너지를 사용하여 물과 이산화탄소를 결합하는 화학 반응으로 당분을 생산한다. 이것이 광합성이다.

일반적인 식물은 C3회로라는 시스템으로 광합성을 한다. 그런데 이 통상의 광합성 회로와는 달리 C4회로라고 불리는 고성능 광합성 시스템을 가진 식물이 있다.

터보 엔진은 공기를 압축하여 대량의 공기를 엔진으로 보내 힘을 올리는 시스템이다. C4회로도 이 터보 엔진과 비슷한 구조다. C4회로는 터보 과급기처럼 이산화탄소를 압축하여 엔진인 C3회로로 보내주는 역할을 한다. 이 시스템으로 식물의 광합성 능력은 비약적으로 높아진다.

고성능 시스템

터보 엔진이 고속 운전에서 진가를 발휘하듯이, 광합성의 고성능 엔진도 여름의 고온과 강한 햇빛 아래서 제대로 잠재력을 발휘한다. C3회로는 너무 강한 햇빛에 광합성이 따라가지 못해 광합성 양이 한계점에 이른다. 아무리 가속 페달을 밟아도 힘이 오르지 않아 속도가 나지 않는 차와 같은 느낌이랄까. 하지만 C4식물은 다르다. 내리쬐는 햇빛이 강하면 강할수록 광합성 속도도 점점 오른다.

C4회로에는 다른 장점도 있다. 일반적으로 식물이 이산화탄소를 흡수하기 위해 기공이라는 환기구를 열면 수분이 날아간다. 그러나 C4회로는 적은 양의 이산화탄소로도 광합성 능력을 유지할 수 있어 기공이 열리는 시간을 제한하여 수분을 절약한다. 그래서 C4회로를 가진 식물은 건조한 곳에서 강한 힘을 발휘한다.

일본에서 재배되는 농작물은 대부분 C3회로만 가진 C3식물이 많은 데 반해, 여름에 번성하는 밭이나 길가 잡초에는 C4회로를 겸비한 C4식물이 많다. 여름 잡초가 가뭄에 강한 이유 중 하나는 이 때문이다.

수분 부족으로 과열한 C3식물을 거들떠보지도 않고, 여름의 내리쬐는 햇빛 아래 C4회로를 가진 밭의 잡초들은 엔진을 가동하여 광합성을 한다. 광합성 시스템은 어찌나 성능이 좋은지 완전 가동을 해도 소리 하나 나지 않는다. 만일 식물의 광합성 회로가 인간이 만든 엔진처럼 소리를 낸다면 분명 시끄러워 견디지 못했을 것이다.

트윈캠도 있다?

C4회로도 뛰어난 엔진이지만, 더욱 건조에 강한 성능의 특수한 시스템이 있다.

자동차 엔진 성능에 중요한 역할을 하는 부품으로 흡배기 밸브 개폐에 관여하는 CAM(캠)이 있다. 이 캠을 흡기용과 배기용으로 나누어 두 개의 캠샤프트를 장착한 고성능 엔진이 트윈캠이다. 식물에서도 건조에 강한 고성능 광합성 시스템을 캠이라고 하는데, 식물의 캠은 'Crassulacean Acid Metabolism(크레슐산 유기산대사)'의 약자이므로 말이 같은 건 완전히 우연이다.

C4회로의 광합성 시스템은 기공 개폐를 최소한으로 제어할 수 있다고 하나, 이산화탄소를 흡수할 때 귀중한 수분이 기공을 통해 날아가버리는 사실은 피할 수 없다. 그런데 수분이 귀한 건조 지역에서는 이 작은 수분의 손실조차 생명과 연관된다.

그래서 등장한 것이 캠이다. 광합성은 햇빛이 있는 낮 동안에 이뤄지므로, 지금까지의 식물은 수분 증발이 심한 낮 동안 기공을 열어야 했다. 그런데 캠의 광합성 시스템에서는 기공을 열고 이산화탄소를 흡수하여 농축한 후 담아둔다. 그리고 낮 동안은 기공을 완전히 닫아 축적한 이산화탄소를 이용하여 광합성을 한다. 이렇게 낮과 밤으로 시스템을 나누어 사용함으로써 수분 증발을 막는 데 성공했다.

원래는 일체였던 시스템 기능을 분담시켜 두 개로 나눈 발상이 트윈캠 엔진과 비슷하지 않은가. 하지만 구조는 전혀 다르다. 캠의 시스템은 오히려 밤 동안 야간전력으로 얼음이나 온수를 만들어 열에너지를 저장했다가 낮 동안 이용하는 심야전기 온수기와 매우 흡사하다.

C4식물의 의외의 약점

C4식물은 광합성 속도가 빠르고 건조에도 강한 고성능 시스템을 획득했다. 이래서는 C4회로가 없는 C3식물은 도저히 C4식물을 이길 가망이 없어 보인다. 하지만 C4식물이 압도적인 승리를 거두며 C3식물을 내쫓느냐 하면 그렇지는 않다. 오히려 C4회로를 갖지 않은 C3식물이 종류도 많고 일반적일 정도다.

그런데 왜 고성능 터보 엔진을 장착하고도 가뿐하게 승리를 거머쥐지 못할까?

자랑거리인 터보 엔진을 장착한 스포츠카도 엔진을 가동하여 빠르게 달릴 기회만 누리는 것은 아니다. 슬슬 운전하는 저속 구간에서는 성능을 발휘하기는커녕 과급 능력이 지나치게 커진다. 그 결과 연료를 낭비하고 배기 소음만 커질 뿐이다.

C4식물도 같은 문제를 안고 있다. 기온이 높고 햇빛이 강한 조건에서는 광합성 능력을 최대한으로 발휘하여 풀 파워로 광합성을 한다. 하지만 온도가 낮거나 빛이 약하면 아무리 이산화탄소를 보내줘도 과급력이 과대해진다. 또한 C4회로를 움직이기 위해 에너지를 사용해야 하므로 오히려 효율은 C3식물 급으로 떨어진다.

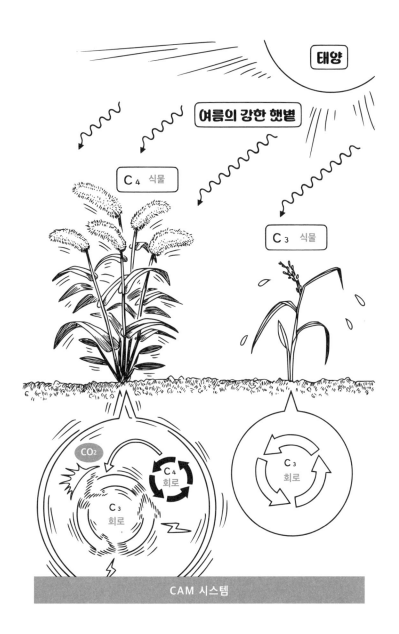

태양

여름의 강한 햇볕

C$_4$ 식물

C$_3$ 식물

CO_2

C$_4$
회로

C$_3$
회로

C$_3$
회로

CAM 시스템

그 때문에 C4식물은 열대지역에서는 압도적으로 뛰어난 성능을 발휘하나, 온대지역에서는 반드시 C3식물보다 뛰어나다고는 할 수 없다.

고속에서 뛰어난 마력을 발휘하는 터보 엔진을 장착한 C4식물과 저속에서 뛰어난 성능을 주무기로 하는 논터보의 C3식물. 격렬하게 펼쳐지는 양자의 대결은 박빙이다. 어느 쪽이 이 레이스를 제어할 것인가. 골의 체크 플래그는 아직 보이지 않는다.

인류 문명 활동에 따른 지구온난화로 기온이 상승하여 C4식물이 유리해지리라는 설도 돌고 있다. 아무튼 인간은 식물들의 진검승부에 찬물을 끼얹지 말고 매너 있게 계속 관망해보자.

09

식물에 숨은 암호

지하 금고의 비밀번호

인기 소설 《다빈치 코드》는 한 살인사건을 계기로 레오나르도 다빈치가 남긴 암호를 해독하고 그리스도에 얽힌 수수께끼에 다가간다는 이야기다. 영화로도 제작되어 영화를 본 분도 많을 것이다.

이 이야기에서 지하 금고를 열 때 비밀번호로 등장하는 것이 123581321이라는 숫자다. 이 비밀번호를 외우는 게 가능할까?

이 번호만 기억하면 만일 당신이 지하 금고에 가게 되었을 때 바로 금고를 열 수 있다.

이 번호는 일부러 외우려 하지 않아도 금방 외워진다. 사실 이 숫자는 어떤 규칙에 따라 만들어진 것이다.

123581321이라는 숫자는 1, 2, 3, 5, 8, 13, 21이라는 일곱 개 숫자가 나열된 수열이다. 얼핏 보면 불규칙하게 나열한 것 같은 이 숫자는 어떤 규칙성에 근거하여 나열되었다.

당신은 그 법칙을 찾아낼 수 있겠는가.

덧붙이자면, 이 수열은 21, 34, 55, 89로 이어진다.

1, 2, 3, 5, 8, 13, 21이라는 숫자의 나열방식을 잘 살펴보면 앞의 두 숫자를 더한 수를 나열했다는 규칙성이 눈에 들어온다. 즉 1+2=3, 2+3=5, 3+5=8, 8+13=21과 같이 숫자를 나열하고 있다. 이 수열이 바로 피보나치 수열이다.

세상에서 가장 아름다운 비율

1:1.618이라는 비율은 세상에서 가장 아름다운 비율이라 일컬어지는데, 이것이 바로 황금비율이다.

황금비율은 다양한 곳에서 사용된다. 다빈치의 명작 〈모나

리자〉의 구도도 이 황금비율을 적용했고, 밀로의 비너스, 파르테논 신전, 기자의 피라미드도 모두 황금비율을 적용하고 있다. 실생활에서는 명찰이나 아이패드, 텔레비전 화면 등의 가로세로 비율이 황금비율이다.

이 황금비율 역시 피보나치 수열과 깊은 연관이 있다. 놀랍게도 1:2, 2:3, 3:5처럼 피보나치 수열로 나열된 두 숫자의 비를 찾아가면 저절로 황금비율에 가까워진다.

이 신기한 수열은 억지로 만든 게 아니다. 생물 세계에서도 이 수열을 따르고 있는 것이 많다.

원래 피보나치 수열은 토끼를 번식하는 과정에서 찾아냈다. 새끼 토끼 한 쌍이 한 달이 지나 성장을 하고 두 달째부터는 새끼를 두 마리씩 낳아 번식해가는 모습을 상상해보자.

한 쌍의 새끼 토끼가 한 달 후 성장하여 두 달째는 암수 한 쌍의 새끼를 낳는다. 그러면 두 달째는 토끼가 두 쌍이 된다. 석 달째는 처음의 한 쌍이 다시 한 쌍의 새끼를 낳는데, 이때 두 달째 태어난 새끼 토끼는 성장했을 뿐 아직 새끼는 낳지 않았다. 그래서 석 달째는 토끼가 세 쌍이다. 이것을 반복해가면 그림에 나타나듯이 넉 달째는 토끼가 다섯 쌍이 되고 다섯 달째는 여덟 쌍이 된다. 이러한 생물의 번식 방식을 나타내는 수열이 피보나

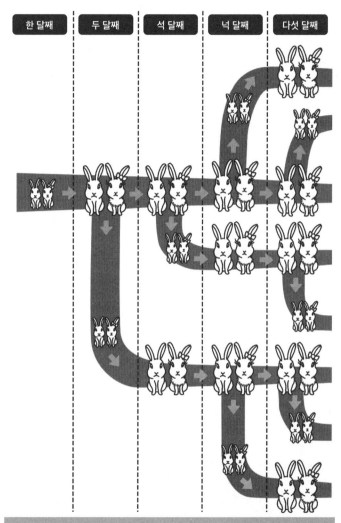

한 달째   두 달째   석 달째   넉 달째   다섯 달째

피보나치 수열과 토끼

치 수열이다.

이 복잡하기 짝이 없는 수열이 대체 식물과 어떤 연관이 있는 걸까?

사실 식물의 형태 역시 이 피보나치 수열을 따르고 있다.

식물 잎의 위치

식물 줄기에는 무수한 잎이 달려 있다. 하지만 식물에 달린 이 잎들은 아무렇게나 달린 게 아니다. 잎의 위치가 명확하게 정해져 있다.

식물 잎은 서로 겹치지 않게 조금씩 어긋하게 성장한다. 즉 나선 모양으로 회전하면서 잎을 뻗어간다. 어느 정도 각도로 잎의 위치가 어긋나는지는 식물 종류에 따라 정해져 있다.

이를테면 잎이 한 장 나오면 다음 잎은 반대쪽에 나온다. 360도의 2분의 1인 180도로 어긋하게 잎이 달린다. 혹은 360도의 3분의 1인 120도씩 어긋하게 잎이 달린다. 이렇게 잎이 세 장이 나면 가지를 한 바퀴 돌게 된다.

식물 잎은 대부분 360도의 5분의 2인 144도씩 어긋하거나 8분의 3인 135도씩 어긋하게 달린다. 144도니 135도니 말해도 감이 잘 오지 않겠지만, 잎이 다섯 장 나와서 줄기 주위를 두 번 돌아오는 것이 5분의 2, 잎이 여덟 장 나서 가지를 세 바퀴 도는 것이 8분의 3이다. 어떤 잎을 정해놓고 그 잎에서 몇 장째 잎이며, 가지를 몇 바퀴 돌아 원래 위치로 돌아오는지를 세어보면 잎이 몇 도씩 어긋하게 나 있는지를 알 수 있다.

1/2, 1/3, 2/5, 3/8….

잎이 달린 방식을 보고 있으면 문득 떠오르는 게 있지 않은가.

그렇다. 이 분수의 분모와 분자는 각각 피보나치 수열로 나열되어 있다. 식물 잎이 달리는 방식이 피보나치 수열을 따르고 있는 것을 '심퍼 브라운의 법칙'이라고 한다.

1/2, 1/3, 2/5, 3/8, 이다음은 물론 13분의 5다. 즉 잎이 13장 나서 줄기를 5회 돌아온다.

더 복잡한 분수를 만들어낼 수도 있지만, 자연계에 아주 복잡한 것은 없다. 이미 소개했듯이 5분의 2나 8분의 3이 가장 많다.

5분의 2 각도로 달린 잎을 거꾸로 돌려서 보면 5분의 3 각도가 된다. 3 대 5의 비는 1.67이다. 또한 8분의 3은 거꾸로 돌리면 8분의 5가 된다. 5 대 8의 비는 1.6이다. 식물은 단순한 숫자를 사용하면서 황금비율에 근접한 5분의 2나 8분의 3을 선택한 것이다.

왜 식물 잎은 이런 수열에 따라 규칙성을 보이고 있을까? 그 이유는 명확하지 않지만 모든 잎이 서로 겹치지 않고 효율적으로 빛을 받기 위함이거나 줄기 강도의 균형을 잡기 위함이 아닐까?

식물에 잎이 달리는 방식도 이처럼 피보나치 수열이나 황금비율을 따르고 있다.

꽃점의 진실

"싫어한다, 좋아한다, 싫어한다, 좋아한다." 꽃잎을 한 장씩 떼어가며 연애 상대의 마음을 점치는 꽃점이 있다. 이때 잘 사용하는 꽃이 코스모스다.

만일 코스모스로 꽃점을 본다면 반드시 '싫어한다'부터 시작해야 한다. 코스모스 꽃잎은 짝수인 여덟 장이다. 그래서 '싫어한다'부터 시작하면 반드시 '좋아한다'로 끝난다.

마가렛도 꽃점에 자주 사용되는 꽃이다. 마가렛의 꽃잎은 21장이다. 그래서 '좋아한다'부터 시작하면 반드시 '좋아한다'로 끝난다.

영양 조건에 따라 어쩌다 꽃잎이 적거나 많을 수도 있지만,

그런 꽃을 고를 만큼 운이 없다면 그 연애는 깔끔하게 포기하는 게 낫지 않을까?

꽃잎 수는 종류에 따라 대략 정해져 있다. 이를테면 벚꽃이나 제비꽃의 꽃잎은 다섯 장이다. 백합의 꽃잎은 여섯 장처럼 보이나 바깥 세 장은 꽃잎이 아니라 꽃받침이 꽃잎처럼 변한 것이다. 그래서 백합의 꽃잎은 세 장이다.

꽃잎이 많은 꽃도 꽃잎 수는 정해져 있다. 메리골드는 13장, 데이지는 34장이다.

이쯤에서 다시 생각나는 게 있다.

백합 3, 벚꽃 5, 코스모스 8, 메리골드 13, 마가렛 21, 데이지 34.

그렇다. 꽃의 꽃잎 수도 피보나치 수열에 따라 만들어졌다. 왜 꽃잎 수가 피보나치 수열을 따르고 있는지는 수수께끼다. 이것이야말로 식물에 숨겨진 진짜 암호가 아닐까?

해바라기 씨앗에 숨은 진실

피보나치 수열은 자연계의 다양한 생물 형태 속에도 숨어 있다.

대표적인 예가 해바라기꽃이다. 해바라기꽃 속에는 수백 개에서 수천 개의 씨가 빼곡하게 들어차 있다.

해바라기는 한정된 꽃의 공간에 가능한 한 많은 씨를 담아둬야 한다. 게다가 꽃의 중심부는 사각이 아니라 둥글다. 당신이라면 이 공간에 어떻게 씨를 배치할 것인가.

여기에도 피보나치 수열이 사용된다.

해바라기 씨의 배열을 살펴보면 깔끔한 나선형이다. 이 나선 구조는 오른쪽 회전, 왼쪽 회전이 합쳐진 이중나선 구조로 아름답게 씨가 나열되어 있다.

오른쪽 나선 방향과 왼쪽 나선 방향의 수를 세면, 꽃에 따라 다르지만 작은 꽃은 왼쪽 나선 방향이 21열, 오른쪽 나선 방향이 34열이다. 좀 더 큰 꽃은 왼쪽 나선 방향으로 34열, 오른쪽 나선 방향으로 55열, 혹은 왼쪽 나선 방향에 55열, 오른쪽 나선 방향에 89열이 있다. 큰 꽃이 되면 왼쪽이 89열, 오른쪽이 144열이다.

놀랍게도 이 숫자는 전부 피보나치 수열에서 도출된 숫자다. 이 규칙성을 바탕으로 해바라기는 효율적으로 씨를 배치하고 있으나, 해바라기는 꽃이 커서 중심에서 바깥으로 돌다보면 아무래도 수가 빗나가기도 한다. 하지만 중심부를 관찰해보면 역시 피보나치 수열의 숫자임을 알 수 있다.

전혀 의식하지 않은 듯 보이지만, 식물이 황금비율이나 복잡한 수열을 사용하는 것은 정말 수수께끼다. 그야말로 자연의 신비다. 자연 섭리 앞에 인간의 과학 따윈 아주 미미한 존재에 지나지 않는다. 식물에는 여전히 우리가 알지 못하는 암호가 숨겨져 있다.

식물은 우리가 따라가지 못하는 위대한 수학자다.

10

다른 식물을 이용하는 덩굴식물

욕조 마개의 법칙

욕조 마개를 뽑을 때 생기는 나선형 물줄기는 북반구에서는 반드시 왼쪽으로 돌고, 남반구에서는 그 반대인 오른쪽으로 돈다는 그럴싸한 설이 있다. 이는 지구 자전으로 발생하는 '코리올리의 힘'에 따른 것이라고 한다. 학교에서 배우고 얼른 집으로 달려가 욕조 마개를 뽑아본 사람도 많을 것이다. 하지만 유감스럽게도 반드시 왼쪽으로 돌지는 않는다. 코리올리의 힘은 물체 크기가 속도에 비례하므로 욕조 마개를 뽑았을 때 물의 흐름에 가해지는 코리올리의 힘은 아주 미약하다. 따라서 욕조의 기울기 등도 물의 흐름에 큰 영향을 끼쳐 물줄기 방향은 코리올리의 힘에 좌우되지 않는다.

그렇다면 완벽한 원형의 용기를 만들어 외부 충격을 일절 배제하고 바닥의 마개를 뽑으면 어떨까. 이 경우는 코리올리의 힘이 물줄기가 도는 방향을 정하기 때문에 학교에서 배운 대로 북반구는 왼쪽, 남반구는 오른쪽으로 회전한다. 원래 있던 욕조 마개로 실험하면 재미있겠지만, 이렇게 요란하게 장치를 만들어 실험하면 흥미가 사라지지 않을까?

코리올리의 힘은 큰 것에는 크게 작용하므로 태풍은 코리올리 힘의 영향을 받는다. 그래서 북반구에서 발생한 태풍은 반드시 소용돌이가 왼쪽으로 회전한다.

그런데 식물이 덩굴을 감는 방식에도 오른쪽 감기와 왼쪽 감기가 있다. 이 역시 북반구와 남반구가 정반대라는 말이 있다. 국내는 오른쪽 감기라고 나와 있는데 외국의 식물도감에는 왼쪽 감기라고 나와 있다. 이것은 사실일까?

오른쪽 감기? 왼쪽 감기?

유감스럽지만, 식물 덩굴의 감는 방향이 북반구와 남반구에 따라 다르다는 것은 있을 수 없는 일이다. 식물이 덩굴을 감는 방식은 종에 따라 왼쪽인지 오른쪽인지가 정해져 있다. 하지만 감는 방식이 바뀌더라도 전혀 말이 안 되는 것은 아니다. 같은 식물이라도 덩굴을 오른쪽으로도 왼쪽으로도 감는다.

나선형의 회전 방향은 복잡하다. 이를테면 태풍은 바깥쪽에서 안쪽으로 바람을 빨아들인다. 이렇게 안쪽으로 바람이 흐르는 것을 왼쪽 회전이라고 말한다. 그러나 머리의 가마를 생각해 보면 어떤가. 가마는 안쪽에서 바깥쪽을 향해 머리카락이 자란다. 그래서 태풍과 같은 나선형 회전이어도 안쪽에서 바깥쪽으로 도는 것은 오른쪽 회전이 되므로 오른쪽 회전이라고 한다. 나선형은 보는 방향에 따라 전혀 다른 방향이 된다.

식물의 덩굴은 어떤가. 예전에 나팔꽃 덩굴은 왼쪽 감기라고 했다. 교과서에도 왼쪽이라고 나온 것을 기억할 것이다. 그런데 최근에는 반대로 오른쪽 감기라고도 한다.

왼쪽 감기라고 하는 이유는, 덩굴을 나선형 계단이라 보고 판단하면 왼쪽으로 돌면서 위로 뻗기 때문이다. 단, 이것은 식물을 위에서 바라보았을 때다. 실제로 식물은 아래에서 위로 뻗는다. 식물 시점에서 아래에서 위로 진행 방향을 살펴보면 나팔꽃 덩굴은 오른쪽으로 돌면서 뻗는다.

아래에서 위를 바라보는 시점이 약간 생소할 수도 있지만, 식물학 이외 분야에서는 진행 방향으로 보는 쪽이 일반적이다. 나팔꽃 덩굴이 회전하는 방식은 오른쪽으로 감는 나사의 홈과 동일하다. 그래서 이것을 보고 나팔꽃은 오른쪽 감기라고 한 것이다.

덩굴의 감는 방향은 아직 결론이 나지 않았다. 최근에는 나팔꽃이 오른쪽 감기라고도 많이들 말하는데, 여전히 왼쪽 감기라고도 한다. 책에 따라 다르고 나라에 따라서도 다르다. 나팔꽃은 동서고금을 막론하고 똑같이 덩굴을 감고 있을 뿐인데, 우리 인간만 이랬다저랬다 한다.

나팔꽃의 성장

나팔꽃은 아이들 관찰 일기에 자주 등장하는 꽃이다.

나팔꽃 씨를 뿌리면 먼저 쌍떡잎이 나고 나서 본잎이 한 장 나온다. 여기까지는 간단하지만, 그 이후가 문제다. 나팔꽃은 차례차례 잎을 내며 덩굴을 쭉쭉 뻗어, 관찰 일기를 조금만 게 을리하면 눈 깜빡할 새 아이들 키를 넘긴다. 넉넉한 길이의 지 지대만 있으면 급기야 집 지붕까지 타고 올라갈 정도다.

이 눈부신 성장은 나팔꽃이 덩굴로 뻗는 것과 관련이 있다. 일반 식물은 자기 줄기로 서야 하므로 가지를 다지면서 성장해 간다. 한편, 다른 식물에 기대어 성장하는 덩굴식물은 자기 힘 으로 서지 않아도 된다. 줄기를 튼튼하게 할 필요가 없으니 그 만큼의 성장 에너지를 키를 키우는 데 쓸 수 있다. 따라서 덩굴 식물은 단기간에 눈부신 성장이 가능하다.

식물 세계는 얼마만큼 빨리 성장하느냐가 성공 열쇠라고 해도 과언이 아니다. 다른 식물보다 한발 앞서 빠르게 성장할 수 있다면 널찍한 공간을 차지하여 충분한 빛을 받을 수 있다. 광합성을 하는 식물에 일조권은 생사가 달린 문제다. 한 발만 느려도 다른 식물에 가려 마음껏 빛을 받기 어렵고, 다른 식물 의 그늘에 안주하면 성장 속도는 점점 느려져 생존경쟁에서 뒤처지게 된다. 그렇게 패자가 되어 음지에서 살아갈 수밖에 없다.

덩굴식물은 다른 식물의 힘을 이용하여 위로 뻗는 넉살 좋은 생존전략으로 눈부신 성장을 이뤘다. 성실하게 자기 줄기로 서

있는 식물과 비교하면 조금 밉살스럽지만, 덩굴식물의 성장은
세력다툼이 치열한 식물 세계에서는 매우 효과적인 방식이다.

다양한 덩굴 감기 방법

눈부신 속도로 빠른 성장이 가능한 덩굴식물의 전략은 다른
식물도 많이 채택하고 있다. 나팔꽃은 덩굴을 나선형으로 감으
며 뻗지만, 덩굴식물이 가지를 뻗는 방법은 매우 다양하다.

오이나 수세미 같은 박과 식물은 덩굴손으로 다른 식물을 휘
감으며 자란다. 덩굴손은 천천히 돌면서 기댈 지지대를 찾는다.
그러다가 지지대를 찾으면 덩굴손을 휘감는다. 이 덩굴손은 휘
감을 상대를 입맛대로 고른다. 찾아낸 지주가 유리봉처럼 매끄
럽다면 덩굴손은 감기를 멈추고 다시 새로운 지지대를 찾아 나
선다. 덩굴손은 지주의 감촉을 확인하면서 감기 쉬운 지주를 고
른다.

이 덩굴손은 아주 잘 만들어졌다. 끝이 지주에 감긴 후에도
빙빙 도는 운동을 계속한다. 그래서 덩굴손은 좌우에서 꼬인 나
선형으로 말려버린다. 꼬여서 둥글어진 덩굴손은 마치 스프링
처럼 뻗었다가 오그라들었다가 한다. 그리고 탄력을 유지하면

서 확실하게 지지대를 끌어당겨 고정한다.

스파이더맨처럼 수직 벽을 타는 식물도 있다. 우리에게 친숙한 담쟁이는 건물 벽에 덩굴을 뻗어 세련된 외관을 연출한다. 그런데 어떻게 휘감을 지주도 없는 벽을 타고 올라갈까?

사실 담쟁이의 덩굴손 끝에는 빨판이 있다. 이 빨판을 사용하면 수직 벽도 타고 올라갈 수 있다. 이 방법이라면 덩굴이나 덩굴손이 감지 못하는 두꺼운 나무도 타고 올라갈 수 있다.

덩굴이 뻗는 방법은 다양하지만, 어떤 덩굴식물이든 다른 식물을 지주 삼아 자신의 성장을 빠르게 꾀하는 것은 바뀌지 않는다. 그리고 때론 신세진 나무를 무성하게 덮어버리기까지 하니 뻔뻔하기가 그지없다.

왠지 으스스한 교살 식물

다른 식물을 타고 올라가면 힘들이지 않고 빨리 자랄 수 있다.

이런 덩굴식물의 아이디어는 일부 식물에 좋지 못한 선례를 남겼다. 이름마저 교살 식물이라 불리는 이들 식물은 신세진 식물을 죽이는 것도 모자라 재산까지 가로챌 계략을 꾸민다.

교살 식물의 씨앗은 거목에 날아든 새의 똥에 섞여 가지에

착상한다. 거목이 울창한 열대 정글에서는 수많은 연약한 식물이 나무 위에 몰래 터를 잡고 살아간다. 관상용 착생난이나 공중식물도 원래는 거목에 몸을 기대고 살아가는 식물이다. 교살 식물도 다른 식물과 마찬가지로 작은 싹을 내어 몰래 터를 잡는다. 이 교살 식물은 은밀한 계략을 품고 있다. 그래서 나무 위에서 아무도 모르게 땅을 향해 뿌리를 뻗기 시작한다.

마치 부잣집을 노리는 강도가 옥상에서 아래층 방으로 로프를 늘어뜨리듯이 서서히 그러나 확실하게 아래로 뿌리를 뻗어 간다. 이윽고 뿌리는 담쟁이처럼 서로 엉키면서 거목을 에워싼다. 그 모습은 다른 덩굴식물과 다르지 않다. 다른 점이라면 보통의 덩굴식물이 아래에서 위로 나무를 타고 오르는 데 반해, 교살 식물은 위에서 아래로 뻗는다는 점이다. 이 작은 차이를 당사자인 거목은 알아채지 못한다.

말라 죽는 나무

마침내 그날이 왔다. 뿌리 하나가 땅에 닿은 것이다. 그 순간, 교살 식물은 얼굴을 싹 바꿔 살인마 정체를 드러낸다. 뿌리가 땅에 들러붙어 영양분을 얻으면 순식간에 쑥쑥 자란다. 나무줄기에 감겨 있던 잔뿌리는 굵고 튼튼해져 밧줄로 꽁꽁 동여매듯이 나무를 칭칭 휘감는다.

은혜를 원수로 갚는 교살 식물의 굵은 뿌리에 휘감긴 나무의 의식은 점점 희미해진다. 그리하여 위풍당당하던 거목도 결국 말라 죽는다. 그 모습은 마치 큰 뱀에 칭칭 감겨 목이 졸린 것처럼 보인다. 교살 식물이라 불리는 것도 그 때문이다. 정확하게는 교살하는 것은 아니다. 흙의 영양분을 빼앗은 다음 나무를 덮어버리고 빛을 차단하여 말라 죽게 한다. 사인이야 어쨌든 죽음에 이를 정도로 엄청난 피해를 보았다는 사실에는 변함이 없다.

칭칭 감은 나무가 죽어서 썩어 없어져도 교살 식물은 쓰러지지 않는다. 그즈음에는 굵은 뿌리가 땅에 견고하게 정착하여 스스로 설 수 있기 때문이다.

거목이 울창한 숲에서 자기 힘으로 땅에서 뻗어가려 했다면 이런 성공은 쟁취하지 못했을 것이다. 거목을 타고 올라서 내가 상속자가 되겠다. 이 계략의 성공으로 교살 식물은 오늘도 숲에서 거목의 일원으로 군림하고 있다.

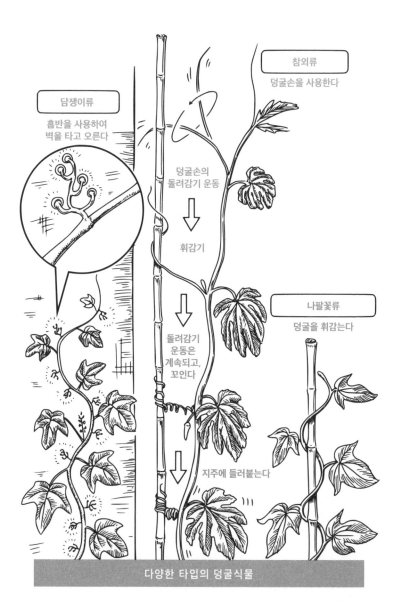

담쟁이류
흡반을 사용하여
벽을 타고 오른다

참외류
덩굴손을 사용한다

덩굴손의
돌려감기 운동

⬇

휘감기

⬇

돌려감기
운동은
계속되고,
꼬인다

⬇

지주에 들러붙는다

나팔꽃류
덩굴을 휘감는다

다양한 타입의 덩굴식물

11

꽃과 곤충의 흥정

곤충을 위해 화려하게 피는 꽃

고객은 왕이라는 말도 있듯이 고객제일주의는 장사의 기본이다. 어떤 가게든 고객을 어떻게 만족시킬지 머리를 싸매고 고민하면서 서비스에 최선을 다한다. 하지만 가게도 자선사업이 아닌지라, 고객 만족이 최종 목적은 아니다. 고객을 만족시켜 매출을 올리는 것이 진짜 목적이다.

식물도 절대 인간을 기쁘게 해주려고 꽃을 피우는 게 아니다. 꽃의 진짜 고객은 인간이 아니라 꽃가루를 옮겨다주는 곤충이다. 물론 온갖 서비스로 곤충을 불러들이는 진짜 이유는 꽃가루를 옮기는 데 있다.

꽃이 꽃가루나 꿀을 곤충에게 나눠주고 그 보답으로 곤충이 꽃가루를 옮겨주는 식물과 곤충의 관계는 흔한 기브앤테이크 관계처럼 보이지만, 절대 그렇지 않다. 어쩌다 서로의 이해관계가 맞아떨어졌을 뿐이다.

식물은 시간과 비용을 투자하여 꿀을 만들고 꽃잎으로 치장하기 때문에, 투자에 합당한 이익을 얻으려면 곤충이 확실하게 꽃가루를 옮겨가게끔 해야 한다. 한편, 곤충도 식물을 위해 일한다는 기분이 전혀 없어 조금이라도 더 맛난 먹이를 주는 꽃이 아니면 거들떠보지도 않는다. 따라서 서비스를 게을리하면 방자한 곤충은 금방 애정이 식는다. 꽃과 곤충의 관계는 마치 진상 고객과 가게 매출을 위해 고객제일주의를 내건 가게의 관계와 같다.

인간 눈에 꽃이 만발한 꽃밭은 한없이 아름답고 평화로워 보이지만, 꽃 입장에서는 그렇지만은 않다. 가만히 있기만 해서는 곤충이 찾아오지 않으니, 곤충을 유혹하려고 꽃은 갖가지 방법으로 곤충 유치 전쟁을 반복해야 한다.

그럼, 지금부터 꽃밭에 몸을 숙이고 꽃들의 곤충 유치 전략을 관찰해보도록 하자.

꽃잎은 간판이 전부다

일단은 꽃이 여기에 있음을 곤충에게 적극적으로 알려야 한다. 곤충이 꽃의 존재를 알아주지 않으면 곤충을 불러들이는 일 자체가 불가능하다.

인간이 사는 도시에는 각종 간판이 난립하여 가게의 존재를 어필한다. 식물의 꽃도 마찬가지다. 곤충의 시선을 사로잡으려고 화려한 간판을 내거는데, 그것이 꽃잎이다. 꽃잎은 각양각색의 화려한 색감으로 시선을 끈다.

"좋아한다, 싫어한다, 좋아한다, 싫어한다." 꽃잎을 한 장씩 떼며 로맨틱한 꽃점을 치는 사람도 있지만, 아름다운 꽃도 꽃잎을 전부 떼어내면 아주 소박해진다. 꽃점 결과는 뒤로하고, 꽃으로 연애점을 친다면 꽃에 달린 꽃잎이 얼마나 중요한 역할을 하는지 알 것이다.

하지만 꽃잎만 간판 역할을 하는 것은 아니다. 어성초는 하얀 꽃잎이 네 장처럼 보이지만, 사실 꽃잎은 없다. 꽃잎처럼 보이는 것은 총포편이라 불리는 잎이 변한 것이다. 튤립도 꽃잎이 여섯 장처럼 보이지만, 진짜 꽃잎은 세 장이고 나머지 세 장은 꽃받침으로 원래는 꽃잎을 지지하는 역할이다. 이 꽃받침이 꽃잎처럼 변해 꽃을 눈에 띄게 하는 데 한몫을 한다.

인간 사회도 상품명을 인쇄한 부채를 나눠주거나 노선버스 차체에 광고를 내거나 축구나 야구 유니폼에 스폰서 이름을 새기는 등 모든 수단을 동원하여 광고판으로 활용한다. 꽃도 마찬가지다. 꽃을 눈에 띄게 하려고 수단을 가리지 않고, 활용할 수 있는 모든 것을 활용한다.

유채는 작은 꽃들의 집합

어차피 꽃을 피울 바에야 누구나 큰 꽃을 피우고 싶어 한다. 식물도 마찬가지다. 꽃이 클수록 곤충 눈에 띄기 쉽다는 이유다. 하지만 인간 사회도 그렇듯이 큰 꽃을 피우겠다고 마음먹기는 쉬워도 실제로 꽃을 피우려면 여간 어려운 일이 아니다.

그래서 식물은 생각했다. 큰 꽃을 피우기 어렵다면 작은 꽃이라도 괜찮지 않을까? 작은 꽃을 피우기는 비교적 수월하다. 그 대신 많은 꽃을 피우자.

티끌 모아 태산이라는 속담처럼 작은 꽃도 많이 모이면 큰 꽃에 지지 않을 만큼 커 보이지 않을까?

식물의 꽃을 자세히 살펴보면 작은 꽃이 모여 핀 것도 많다. 유채꽃이나 냉이꽃 같은 유채과 꽃을 잘 보면 네 장짜리 작은 꽃이 무수히 피어 있다. 마치 하나의 꽃처럼 보이는 자운영이나 토끼풀 같은 콩과 식물의 꽃도 유심히 보면 작은 꽃들이 모여 형태가 이뤄졌음을 알 수 있다.

인간 사회에서도 이런 방법이 자주 활용된다. 작은 가게들이 모여 상가를 이루면 광고나 이벤트도 공동으로 할 수 있어 한 가게에서 하는 것보다 훨씬 선전 효과가 크다. 또한 물건 몇 개를 앞마당에 내놓고 팔면 아무도 찾아오지 않지만, 공원에 모여 플리마켓을 열면 사람들이 많이 모인다. 매장이 넓은 슈퍼나 백화점도 자세히 보면 각각의 상점이 안테나 형식으로 모인 경우가 많은데, 이는 마치 꽃의 군락과도 같다.

다양한 꽃잎의 역할

백화점에서는 지명도 높은 브랜드나 유명한 로컬 점포를 입점시키려고 공을 들인다. 유명 가게를 입점시키려는 이유는 직접적인 매출을 꾀하기보다 백화점에 손님을 모으는 집객 효과를 기대하기 때문이다. 즉 광고탑이다. 꽃도 많이 모여 커지면 광고탑이 될 만한 가게가 필요하다.

수국을 보면 가장자리에 아름다운 꽃잎을 가진 꽃들이 모여 있다. 그런데 이 꽃들은 생식능력이 거의 없다. 곤충을 불러들일 목적으로 핀 그냥 장식뿐인 꽃이다. 생식능력이 있는 꽃은 장식 꽃에 에워싸여 중앙에 배치되었다.

진화한 꽃인 국화과 꽃에서는 더욱 역할 분담이 확실하다. 해바라기는 큰 꽃을 피운다. 그런데 해바라기의 큰 꽃도 수많은 작은 꽃들로 이뤄졌다. 해바라기꽃 주변에는 꽃잎이 많이 달려 있는데, 이 꽃잎처럼 보이는 것도 하나하나의 꽃이다. 꽃 중심에는 심이 있어, 꽃이 시들면 심 부분에 씨가 빼곡하게 들어찬다. 그런데 작은 해바라기꽃은 꽃 하나에 하나의 씨밖에 생기지 않는다. 해바라기꽃의 심에는 많은 꽃이 모여 있다. 꽃잎처럼 보이는 작은 꽃은 혀처럼 생겨 설상화라고도 불린다. 중심부에는 꽃잎이 없고 암술과 수술만 있을 뿐이다. 이것은 관 속에 암술과 수술이 들어 있어 관상화라고 불린다. 마치 하나의 꽃처럼 보이는 해바라기꽃은 1,000개 이상의 작은 꽃이 모여 만들어진 것이다.

해바라기뿐만 아니라 코스모스나 마가렛 같은 국화과 꽃은 대부분 설상화와 관상화로 이뤄졌다. 이렇게 꽃잎 역할을 하는

꽃과 암술과 수술로 수분을 하는 꽃으로 분업체제를 구축하고
있다.

합리적 영업시간

가게의 영업시간 설정은 매우 중요하다. 나팔꽃과 닭의장풀
같은 여름에 피는 꽃은 서늘한 오전에 피었다가 한낮에는 시든
다. 짧디짧은 순간의 덧없는 생명이다. 왜 더 오랫동안 피어 있
지 않을까 의아하겠지만, 여기에도 일리가 있다. 오후까지 피
어 있어도 찌는 듯한 여름날에는 너무 더워서 곤충의 활동도 둔
해진다. 곤충이 활발하게 활동하는 시간에 가게를 열었다가 재
빨리 닫는 것은 어쩌면 굉장히 합리적인 일이다. 유명한 식당이
점심 장사만 하고 문을 닫는 것과 같다. 덧없기는커녕 참으로
영리한 선택이다.

그렇다고 곤충이 활발하게 움직이는 시간에만 피어 있는 게
꼭 좋은 것만은 아니다. 제법 쌀쌀한 무렵부터 들판에는 작은
꽃들이 조금씩 피어 봄이 다가왔음을 알린다. '아직 쌀쌀한데
곤충이 찾아오면 어떡하지?' 이런 걱정도 들겠지만, 전혀 걱정
할 필요가 없다. 쇠가죽파리는 날이 조금만 풀려도 활동을 시작

한다. 수가 아주 많지는 않아도 피어 있는 꽃도 적으니 들판에 조금 핀 꽃으로 모여든다.

다른 가게가 열지 않은 시간대에 영업하는 것도 유력한 고객 유치 작전의 하나다. 최근 들어 명절에도 영업하는 가게가 늘고 있다. 명절에 무슨 손님이 있겠냐고 하겠지만, 여는 가게도 적기 때문에 손님이 몰린다. 요즘은 웬만한 가게는 다 명절에도 영업해서 인간 사회는 연중무휴가 된 곳이 드물지 않지만, 식물 세계는 아직 초봄에 꽃을 피우는 것이 효과적이다.

편의점을 포함하여 24시간 영업하는 가게도 드물지 않은데, 꽃의 세계에서도 밤에 피는 꽃이 있다. 낮에는 꽃가루를 옮겨주는 곤충의 수도 많지만, 꽃의 수도 많아 경쟁이 치열하다. 그래서 고객 유치 작전이 과열되는 낮을 피해 경쟁 상대가 적은 밤에 피는 길을 택했다. 밤에는 곤충의 수도 적지만, 피어 있는 꽃도 적어 손님을 독점할 수 있다. 밤에 피는 꽃은 나방이 꽃가루를 옮겨준다. 나방은 밤의 나비다.

달콤한 꿀은 서비스 품목

한때 손해 보더라도 나중에 이익을 얻는 것이 장사의 기본이다. 사람을 모으는 데 가장 효과적인 방법은 뭐니 뭐니 해도 서비스 상품이다. 슈퍼마켓에서도 시식 코너는 늘 북적이고 사은품을 받으려고 일부러 먼 가게까지 발을 옮기기도 한다. 세상에 공짜는 없음을 익히 알지만, 우리는 공짜에 약하다. 시식이나 사은품, 경품 등 공짜라는 말을 들으면 귀가 솔깃해진다.

물론 가게도 봉사하는 게 아니니 공짜로 물건을 서비스하는 데는 분명 목적이 있다. 고객 유치나 신상품 판촉 등이다.

식물에는 꿀이 서비스 상품이다. 대부분 꽃에는 꿀이 있지만, 꽃에게 이 꿀은 자신의 수분과는 전혀 상관없는 불필요한 것이다. 하지만 곤충을 불러들여 꽃가루를 옮기게 하려고 달콤한 꿀을 듬뿍 준비하여 손님이 찾아오기를 기다린다.

꿀의 효과는 폭발적이다. 수많은 곤충이 꿀을 찾아 꽃으로 몰려온다. 그러나 아무리 손님이 많아도 매출이 오르지 않으면 소용없다. 찾아온 손님에게 어떻게든 꽃가루를 옮기게 해야 한다.

가장 깊숙이 숨겨진 꿀

편의점에는 왼쪽으로 돌아가는 법칙이 존재한다. 들어가서 곧장 계산대로 향하지는 않을 테니, 잡지 진열대를 지나간다.

안쪽에 음료수가 있고 다시 들어가면 도시락이 놓여 있다. 도시락을 고르면 바로 옆에 계산대가 있고 출구로 이어진다. 자유롭게 돌아다니는 가게 안이지만, 사람들은 이 순서로 쇼핑한다. 잘 팔리는 도시락이나 음료수를 맨 안쪽에 배치하여 다양한 판매대를 지나게 만든 점이 얄미울 정도로 똑똑하다.

물론 식물 역시 슈퍼마켓이나 편의점이 떠오를 정도의 배치는 이미 실천하고 있다. 식물에게 꿀은 적자를 각오한 서비스 상품이지만, 서비스 상품만 팔아서는 이익이 나지 않는다. 따라서 서비스인 꿀은 꽃의 맨 안쪽에 배치하는 것이 적절하다. 실제로 식물의 꽃은 대부분 가장 안쪽의 심 부분에 꿀을 숨겨 놓았다.

하지만 맨 안쪽에 있는 꿀의 존재를 바깥쪽에 있는 곤충이 알지 못할 두려움이 있다. 그래서 '오늘은 가격 파괴의 날', '행사장은 7층' 같은 안내판을 밖에 내걸 필요가 있다.

철쭉꽃을 보면 위로 피어 있는 꽃잎에 반점 무늬가 있는데, 이 무늬는 꿀이 있음을 알리는 표식 역할을 하여 '밀표'라고 불린다. 큰개불알꽃이나 이질풀에는 꽃잎 중앙에 여러 개의 선이 그려져 있는데, 이것도 밀표다. 꽃의 중앙을 향해 가면 꿀이 있음을 곤충에게 알려준다.

철쭉의 단면

꿀로 이어지는 통로에는 당연히 암술과 수술을 배치해야 한다. 서비스 상품으로 곤충을 불러들였다고 아직 안심하기는 이르다. 수고스럽게 꽃잎이라는 간판으로 치장하고 꿀까지 마련한 이유는 전부 꽃가루를 옮겨가기 위함이다. 따라서 벌이나 쇠가죽파리가 꽃 깊숙이 잠입했다가 나올 때 꽃가루가 닿지 않을 수 없도록 암술과 수술이 배치되어 있다. 한번 들어가면 마지막에 꽃가루를 묻히지 않고 나오기란 불가능하다.

백화점 세일이나 행사는 대부분 최상층에서 이뤄져, 각 매장을 층별로 지나지 않으면 안 되게 해놓았다. 테마파크나 놀이공원에서는 기념품 판매장을 지나지 않으면 밖으로 나갈 수 없게 되어 있다. 모두 식물의 꽃과 같은 구조다.

곤충이 눌러앉게 해서는 안 된다

곤충이 꿀을 빨거나 꽃가루를 먹으러 오는 꽃은, 흔히 레스토랑에 비유된다. 그런데 이 레스토랑에는 한 가지 고민이 있다. 꽃이 곤충을 불러들이는 이유는 음식을 대접하기 위함이 아니다. 식사 후에 다른 꽃으로 꽃가루를 옮겨가게 하려는 것이다. 따라서 마냥 한자리에 눌러앉아서는 곤란하다. 뷔페 레스토랑은 식사에 시간제한이 있고, 회전율이 생명인 패스트푸드점은 매장을 난색 계열로 꾸며 장시간 머무르지 못하도록 여러 묘안을 짜내고 있다.

또한, 꽃이 반드시 해결해야 할 어려운 숙제도 있다. 곤충이 그냥 스쳐 가게만 해서는 안 되고, 꽃가루를 갖고 다른 꽃으로 이동하게끔 유도해야 한다.

"손님, 언제까지 여기에만 계실 건가요? 다음 꽃으로 가주셔야죠. 저 역시 자선사업가가 아니라고요."

이 정도로 딱 부러지게 불만을 터뜨릴 배짱과 기개가 있다면 다행이지만, 말하지 않는 꽃이라 하지 않았던가. 꽃은 말이 없다. 만일 당신이 꽃이라면 어떻게 하겠는가. 주야장천 눌러앉아 있는 진상 고객을 어떻게 꽃가루를 옮겨줄 멋진 고객으로 탈바꿈시킬까?

레스토랑 체인점처럼

낯선 동네에서 식당이나 술집을 찾을 때 체인점에 가면 어쨌든 기본은 한다. 생판 모르는 가게에 들어가면 바가지를 쓸 수도 있고 맛도 보장받을 수 없는 반면, 체인점은 특출한 맛은 없어도 전국 어디서나 균일한 맛과 서비스를 기대할 수 있다.

그런데 이런 체인점이 있다면 어떨까? 맥주 전문점 '플라워비어'는 맥주 종류가 다양하다는 평판을 받는 체인점이다. 한 손님이 기다렸다는 듯이 '플라워비어' 문이 열리기가 무섭게 들이닥쳐 일단 맥주 한 병을 주문한다.

목도 마르던 참에 손님은 단번에 맥주 한 병을 들이켰고 추가로 한 병을 더 주문했다. 그런데 의외의 대답이 돌아왔다.

"죄송합니다, 손님. 공교롭게도 오늘 손님이 드실 맥주는 아까 드신 게 마지막입니다."

"네? 그럼 이 근처에 제일 가까운 '플라워비어'는 어디인가요? 그쪽으로 가서 마셔야겠네요."

어떤가. 손님은 이 플라워비어, 저 플라워비어로 플라워비어 체인점을 떠돌지 않을까? 짜증나게 맥주가 떨어졌다는 가게, 아마 몇 분 후에도 다음 손님을 위해 딱 한 병의 맥주만 보충할 것이다.

꽃을 찾아드는 곤충에게는 같은 종류의 꽃이라면 꿀의 양이 균등한 게 좋다. 그래야 꿀의 양이 많은 종류의 꽃을 선택할 수 있다. 그런데 꽃으로서는 이런 상황이 별로 좋지 않다. 곤충을 불러들이려면 꿀의 양을 늘려야 하는데 꿀의 양을 늘리면 곤충이 배가 불러 다른 꽃으로 이동하지 않는다. 그래서 식물은 대부분 꿀의 양이 많은 꽃과 적은 꽃을 적절히 섞는다.

그런데 이 적절한 양을 헤아리기가 어렵다. 꿀의 양이 많은 꽃은 곤충이 오래 눌러앉아 이동하지 않는 문제가 있고, 꿀의 양이 너무 적은 꽃만 있으면 인색하다고 소문이 나 다른 꽃에 손님을 빼앗길 우려가 있다.

"플라워비어 체인점은 안주도 맛있고 양도 많아 최고야. 가게에 따라 편차가 있기는 하지만."

이 정도의 평판이 적당하다. 곤충은 어디 있는지도 모르는 우량 점포를 찾아 이 꽃에서 저 꽃으로 날아다닌다.

인간세계에 이런 기묘한 체인점은 존재하지 않지만, 이 공허함은 왠지 낯설지 않다. 그렇다. 도박이다. 한 번 크게 얻어걸린 달콤한 꿀맛을 잊지 못해 뻔질나게 파친코나 경마장에 들락거리는 도박꾼. 오늘은 이 파친코, 내일은 저 경마장을 떠도는 도박꾼의 모습이 떠오르지 않는가.

그 모습이야말로 꽃에서 꽃으로 날아다니는 곤충의 모습, 바로 그게 아닐까?

흐드러지게 핀 꽃, 꽃에서 꽃으로 날아다니는 나비와 벌. 이 한가로운 풍경이 왠지 남의 일 같지 않다.

12

꽃 색에 숨은 비밀

곤충이 좋아하는 색

오늘은 그녀의 생일, 꽃다발을 선물하려는데 어떤 색이 좋을까? 역시 빨강? 아니면 사랑스러운 핑크나 노랑? 아니면 세련된 보라색으로 할까?

꽃집에 진열된 각양각색 꽃은 우리를 즐겁게 해주지만, 꽃은 절대 인간을 즐겁게 해주려고 피는 게 아니다. 꽃은 곤충을 불러들여 꽃가루를 옮기게 하려고 식물이 발달시킨 기관이다. 아름다운 꽃잎도 달콤한 향도 모두 곤충이 찾아오게 하려고 만들었다. 어떻게 곤충의 마음을 사로잡을까? 그 일념 하나로 꽃은 더 아름답게 더 선명하게 진화를 이뤄왔다. 물론 꽃집에 진열된 원예용 꽃은 인간이 개량을 통해 다양한 색상의 품종을 만든 것이다. 그러나 들에 피는 꽃은 종류에 따라 꽃 색이 대략 정해져 있다. 그 다양한 꽃의 색은 인간 취향이 아닌 곤충의 마음을 끌기 위한 전략의 결과다.

사실 곤충도 종에 따라 좋아하는 꽃의 색이 제각각이다. 우리가 꽃으로 여성의 마음을 얻으려고 하기 훨씬 이전부터 식물은 아름다운 꽃으로 곤충을 끌어들이고자 다양한 기술을 익혀왔다. 식물은 마음을 얻는 테크닉에 관해서는 우리보다 훨씬 풍부한 경험을 가진 대선배다.

이렇듯 풍부한 경험이 있는 식물에게 우리는 한 수 배워야 한다. 그렇다면 식물의 똑소리 나는 전략에서 여성의 유형별로 마음을 얻는 방법을 배워보도록 하자. 먼저 유형을 나누는 테스트다. 노랑, 하양, 보라, 빨강, 이 네 가지 색상의 꽃 중에 당신이 마음에 둔 여성은 어떤 색 꽃을 고를까?

봄에 피는 소박한 노란색 꽃

곤충 취향에 비춰보면, 노란 꽃을 좋아하는 그녀는 등에 타입, 하얀 꽃을 좋아하는 그녀는 풍뎅이 타입, 보라 꽃을 좋아하는 그녀는 꿀벌 타입, 빨간 꽃을 좋아하는 그녀는 나비 타입이다.

노란 꽃부터 차례로 살펴보자. 노란색은 봄에 피는 꽃에 많다. 유채꽃이나 민들레 등 봄에는 노란색 꽃이 많이 핀다. 노랑은 봄이 떠오르는 색이다. 등에는 봄이 되면 잽싸게 활동하기 시작한다. 그래서 이른 봄에 피는 꽃 중에는 등에가 좋아하는 노란색 꽃이 많다.

인간에게 노란색은 따뜻한 봄의 이미지와 동시에 가볍고 저렴한 이미지가 있다. 검정이나 남색처럼 짙은 색은 고급스러운 느낌인데, 밝은 노란색은 왠지 서민적이다. 그래서 노란색은 저렴한 상품 광고에 자주 사용된다. 외장에서 내장, 쇼핑 봉투까지 노란색으로 도배한 유명 할인점에는 노란색에 사람들이 빨려들 듯이 밀려들며 대성황을 이룬다.

노란색 꽃을 좋아하는 등에도 곤충 중에서는 별로 고급 종이 아니다. 등에의 취향은 단순해서 파악하기 쉽다. 그래서 할인 전단지에 사람들이 몰려드는 것처럼 노란색 꽃으로 찾아든다.

그런데 이 손님은 언제든 옮겨갈 기세다. 노란색 꽃이면 어디든 지조 없이 날아간다. 유혹하면 바로 달려와주는 점은 마음에 들지만, 엉덩이가 너무 가벼운 것도 고려해야 한다. 꽃이 곤충을 불러들이는 이유는 꽃가루를 옮기기 위함이니, 유채꽃을 찾아온 등에는 다른 유채꽃의 암술로 꽃가루를 옮겨가야 한다. 같은 노란색이라고 유채꽃 꽃가루를 태연하게 민들레꽃으로 옮겨가서는 의미가 없다. 식사는 함께하고 그다음은 다른 상대와 즐긴다. 그렇게 되면 무엇을 위해 음식 대접을 했는지 알 수 없지 않은가.

그래서 노란색 꽃은 모여서 한곳에 피기로 했다. 가까이에 모여서 피면 등에가 바람피울 여지를 주지 않는다. 꽃에서 꽃으로 건너가도 모여 있는 꽃들만 돌면서 꽃가루를 옮겨다준다.

노란 꽃에서 배운다면, 등에 타입 여성을 사귀려면 한눈팔지 못하도록 하는 게 중요하다. 빈번하게 선물 공세를 하거나, 부지런히 식사 자리를 마련하는 등 아무튼 상대에게 여지를 주지 않고 계속해서 다그쳐야 한다. 절대 잡은 손을 놓아서는 안 된다.

서툴고 성실한 하얀색 꽃

당신의 색에 물들겠습니다. 하얀 웨딩드레스를 입고 버진로

드를 걷듯이 하얀색은 순수한 이미지의 색이다. 하얀색 꽃을 고른 그녀는 어쩌면 융통성이 없는 성실한 타입이 아닐까?

곤충계에서 하얀색 꽃을 선택한 곤충은 꽃무지아과나 하늘소 같은 풍뎅이과다. 풍뎅이는 여름이면 등장하는데, 여름의 짙은 녹음 사이에서는 하얀색처럼 보이기도 한다.

풍뎅이는 사실 벌이나 등에처럼 능숙한 비행 기술을 갖고 있지 않다. 비행에 서툰 만큼 추락하듯이 쿵 하고 꽃에 날아든다. 움직임은 날렵함과 거리가 멀어 슬금슬금 돌아다닌다. 그런 풍뎅이를 위해 하얀 꽃은 평평하게 피어 있다. 미나리나 톱풀 같은 꽃을 떠올려보면 알 것이다. 하얀 꽃은 작은 꽃을 평평하게 피워 풍뎅이가 움직이기 쉽게 배려하고 있다. 풍뎅이는 꽃가루를 매개로 하는 곤충 중에 가장 오래된 타입의 곤충이다. 지구 역사상 최초로 꽃가루를 옮기는 역할을 자청한 곤충이다. 말하자면 첫사랑 상대 같다고나 할까. 꽃이 진화하여 달콤한 꿀을 만들어내거나 꽃잎으로 화려하게 치장하기 훨씬 이전부터 꽃과 풍뎅이는 한결같은 순수함으로 사귀어왔다. 따라서 풍뎅이 먹이는 꿀이 아닌 꽃가루다. 달콤한 꿀의 유혹에는 눈길도 주지 않는다.

하얀 꽃 중에는 풍뎅이에 꿀이 들러붙어 꽃가루를 먹기 어려워질까봐 아예 꿀이 없는 것도 많다. 또한 풍뎅이가 꽃가루를 먹기 쉽게 암술을 돌출시켜놓았다. 식물 쪽도 성실함으로 승부한다.

그래서 들에 피는 하얀 꽃은 달콤한 꿀 향을 풍기지도 않고 화려한 꽃을 피우지도 않는다. 공들여 꾸미기보다 가식 없이 단순하게 피어 있는 꽃이 많다.

성실한 하얀 꽃 위에서 풍뎅이는 당신 색에 물들겠다며 꽃가루투성이가 되어간다. 이렇게 하여 멋지게 꽃가루는 옮겨진다.

똑똑한 꿀벌이 좋아하는 보라색 꽃

보라색은 고급스러운 색이다. 보라색 꽃을 고른 그녀에게는 최고의 환대가 필요하다.

곤충계에서 보라색을 좋아하는 곤충은 꿀벌이다. 여왕벌을 중심으로 가족을 구성하는 꿀벌은 사회성 곤충이라 불리며 곤충 중에서도 진화한 그룹이다. 명문가 자손이랄까.

명문가에서 생활하는 만큼 꿀벌은 머리가 좋고 매너도 좋다. 등에처럼 지조 없이 날아다니지 않고 제대로 표적을 삼은 꽃만 골라서 날아다니니까 보라색 꽃은 노란색 꽃처럼 모여서 피지 않고 하나씩 떨어져 피는 게 가능하다.

게다가 등에나 풍뎅이처럼 자기 먹을 먹이만 해결하면 끝인 곤충과 달리 꿀벌은 가족을 부양한다. 그래서 일하는 꿀벌은 꽃을 찾는 빈도가 잦을 뿐더러 꽃가루를 운반하는 양도 다르다. 인간에 비유하면 집안도 좋고 지적이며 일도 잘하는 여성이 바로 꿀벌이다. 꽃세계에서는 얻기 힘든 최고 상대라고 하겠다.

곤충 능력을 시험하는 꽃들

하지만 최고의 파트너를 얻으려면 노력이 필요하다. 최근에는 상류층을 동경하여 급여는 적은데 무리하여 브랜드 제품을 몸에 걸치거나, 지기 싫어서 고급 레스토랑에 가는 여성이 늘고 있다고 한다. 보라색은 분명 고귀한 색이지만, 단지 보라색을 좋아한다고 하여 고귀한 여성이라고는 할 수 없다. 보라색 꽃만 피우면 명문가 아가씨를 얻을 수 있다는 그런 간단한 이야기가 아니다. 꽃도 고귀한 벌꿀과 가짜 벌꿀을 구분할 필요가 있다. 그래서 보라색 꽃은 진짜 명문가 꿀벌을 꿰뚫기 위한 테스트를 몇 가지 마련해뒀다.

일단 보라색 꽃은 복잡한 형태가 많다. 보라색 꽃은 기본적으로 가늘고 긴 구조에 깊숙이 꿀을 숨기고 있다. 꿀벌은 이 안을 파고 들어가 꿀을 빨아 먹는다. 간단한 구조 같지만, 이것도 곤충 능력을 시험하는 테스트다. 등에나 풍뎅이는 뒷걸음질이 서툴다. 좁은 장소에 머리를 들이밀 용기와 뒷걸음질로 꽃에서 빠져나오는 기술, 이것이 꿀벌이 가진 뛰어난 능력이다. 가늘고 길게 파고드는 꽃의 형태는 꿀벌에게만 꿀을 주기 위한 묘안이다. 하지만 가늘고 길기만 하면 작은 곤충이 들어올 가능성이 있다. 그래서 다시 생각해낸 테스트가 자운영 같은 콩과 식물이다. 자운영은 작은 꽃들이 오밀조밀 핀다. 작은 꽃을 잘 보면 세로로 세워진 위쪽 꽃잎과 배의 밑 같은 형태의 아래쪽 꽃잎이 있다. 아래쪽 꽃잎은 평소 꿀이 있는 곳의 입구를 견고하게 막고 있다. 그런데 꽃에 머무는 꿀벌이 뒷발로 꽃잎을 밀면 자동문이 열리듯 꿀이 있는 곳의 입구가 열린다.

입구가 열리는 구조를 이해하는 지력과 꽃잎을 밀어내는 체력을 고루 가진 곤충에게만 달콤한 꿀이 허용된다. 힘이 약한 작은 벌이나 등에는 꿀 근처에 얼씬도 하지 못한다.

자운영만이 아니라 꿀벌을 파트너로 삼은 꽃은 대부분 꿀이 있는 곳을 교묘하게 숨기고 지혜와 힘을 시험한다. 그런 꽃은 꿀이 있는 곳이나 꿀이 있는 입구의 개폐 조작 부분에 힌트가 될 만한 표식을 해두었다. 그 표식을 기억하면 꿀맛을 볼 수 있다. 마치 기호 버튼을 누르면 바나나가 나오는 침팬지 학습 기계처럼 이것이 꽃과 곤충에게는 파트너를 고르기 위한 진지한 테스트다.

보라색 꽃은 이렇게 진짜 명문가 파트너를 쟁취한다. 고생 끝에 꿀벌을 회유하는 데 성공한 보라색 꽃에 한 가지 더 좋은 일이 기다리고 있다. 엄격한 테스트를 거쳐 달콤한 꿀을 손에 넣은 꿀벌은 꿀을 독점하고 싶은 마음에 바람도 피우지 않고 한결같이 같은 꽃을 에워싸고 꿀을 모아준다. 보라색 꽃은 이렇게 파트너를 꼼꼼하게 테스트함으로써 효율적으로 꽃가루를 옮긴다.

나비는 골치 아픈 꿀 도둑

빨강은 열정과 사랑의 색이다. 빨간색을 좋아하는 여성은 어떨까?

그녀가 빨간색을 좋아한다면 주의하는 게 좋다. 곤충 중에 빨간색을 좋아하는 곤충은 나비다. 나비는 식물이 절대 방심할 수 없는 상대다.

꿀벌을 명문가 아가씨에 비유했는데, 꿀벌 같은 고상한 곤충보다 나비가 훨씬 명문가 아가씨에 걸맞은 곤충 같다. 어쨌든 나비는 꽃이나 사람에게 사랑받는 곤충이다. 그 화려함은 다른 곤충과 비교가 되지 않는다.

하지만 아름다운 장미에 가시가 있듯이 아름다운 나비도 주의가 필요하다.

만화 〈루팡 3세〉에 등장하는 미네 후지코는 미모와 섹시한 몸매로 남자들을 홀려 재물을 손에 넣는다. 사실 나비도 미네 후지코 같은 도둑이다.

다른 곤충이 꽃 속에 파고 들어가거나 꽃 위를 돌아다니며 꿀을 빨아 먹는 데 반해, 나비는 긴 빨대를 꽂아 꽃의 꿀을 빨아 먹는다. 그래서 몸에 꽃가루를 묻히지도 않고 깔끔하게 꿀을 빨아 먹는다. 꽃이 꿀을 풍족하게 준비하는 것은 꽃가루를 옮기기 위함인데, 이래서는 아무 일도 되지 않는다. 나비가 꿀도둑이라고 욕을 먹는 이유는 그 때문이다.

그러나 루팡 3세가 몇 번이나 속고서도 미네 후지코의 매력에서 헤어나지 못하듯이 나비의 매력을 포기하지 못하는 꽃도 있다. 나비는 몸집이 커서 날아오르는 힘이 세다. 나비를 능숙하게 파트너로 삼을 수 있다면 대량의 꽃가루를 단번에 멀리까지 옮겨갈 수 있다.

나비 중에서도 대형 호랑나비는 정열의 빨간색을 좋아한다. 그 때문에 나비 같은 여성을 파트너로 삼으면 돈이 든다. 나비를 선택한 꽃도 적지 않은 비용을 써가며 나비에게 걸맞은 크고 화려한 꽃을 피우고 풍부한 꿀과 달콤한 향으로 나비를 불러들인다. 나비를 불러들이는 백합이나 철쭉에는 사람이 핥아도 달콤할 정도의 대량 꿀이 준비되어 있다. 식물 역시 이렇게나 열심이다.

식물의 구애 테크닉

아무리 나비를 파트너로 삼았다고 해도, 나비가 원래 꿀 도둑이라는 사실은 달라지지 않는다. 그래서 나비에게 꿀을 도둑맞지 않으려고 백합이나 철쭉의 암술과 수술은 특이하리만치 앞으로 돌출되었다. 게다가 대부분 꽃이 옆이나 아래를 향하고 있다. 나비가 꿀을 빨기에는 어려운 방향이다. 그래도 나비는 어떻게든 꿀을 빨려고 필사의 날갯짓을 하다가 몸에 꽃가루를 묻힌다. 빨간색을 좋아하는 그녀에겐 특이한 성깔이 있다. 호랑나비 같은 그녀와 사귀려면 돈이 많이 들 것을 각오해야 한다.

식물은 이렇게 하여 마음에 둔 상대를 어떻게든 자기 것으

로 하려고 상대 성격에 맞춰 구애하는 테크닉을 발전시켜왔
다. 지금 소개한 것은 곤충을 타깃으로 한 식물의 전략이다. 식
물이 보란 듯이 성공했다고 세상의 모든 남성이 반드시 구애
에 성공한다는 보장은 절대 없다. 마음에 둔 그녀의 마음을 어
떻게 사로잡을지는 역시 스스로 생각해내는 수밖에 없다. 아마
식물도 실연을 반복하면서 이만큼의 테크닉을 익히게 되지 않
았을까?

13

수분을 위한 모든 것

꽃가루 날리는 풍매화

　봄이면 거리는 커다란 마스크를 한 사람들로 넘쳐난다. 꽃가루알레르기(花粉症)의 계절이다. 중세 기사를 연상케 하는 마스크를 착용하거나 우주인 같은 고글을 쓴 사람까지 있지만, 재채기와 콧물, 눈의 충혈은 사그라지지 않는다. 꽃가루알레르기는 지금 사회문제다.

　꽃가루알레르기 원인으로 잘 알려진 식물이 삼나무다. 날씨가 좋을 때면 삼나무 숲에서 대량의 꽃가루가 날린다. 삼나무 숲이 우거진 곳에서는 차 위로 꽃가루가 눈처럼 내려앉아 쌓인다. 때로는 흩날리는 꽃가루를 산불 연기로 착각하여 소방서에 신고하는 일까지 있다고 한다. 이 글을 읽을 뿐인데도 재채기가 멎지 않는 분도 있을 것이다.

삼나무 이외에도 편백이나 국화과 돼지풀, 벼과 오리새 등이 꽃가루알레르기 원인으로 알려졌다. 이러한 식물은 모두 바람을 이용하여 꽃가루를 옮겨 수분이 이뤄지는 풍매화다. 바람에 맡긴 꽃가루는 어디로 날아갈지 몰라 순조롭게 다른 꽃에 이를 가능성이 지극히 낮다. 꽃은 고사하고 사람 코로 들어가는 꽃가루가 더 많을 지경이다. 그래서 효율이 낮은 풍매화는 엄청나게 많은 양의 꽃가루를 만들어서 날려야만 한다. 어디에 고객이 있는지 모르고 역 앞에서 손이 가는 대로 나눠주느라 대량의 휴대용 화장지가 필요한 것처럼 말이다.

삼나무는 쌀알 크기 정도의 수꽃 하나에 약 40만 개의 꽃가루가 있다. 이 쌀알 크기의 수꽃이 삼나무 한 그루에 헤아리기 힘들 만큼 달려 있고, 그 삼나무가 다시 헤아리기 힘들 만큼 산에 심겨 있다. 삼나무 꽃가루는 천문학적 수치로 날리지만 그렇게 많은 양의 꽃가루가 날려도 무사히 삼나무 암술에 이르는 꽃가루는 극소수다. 꽃가루알레르기인 사람은 괴롭겠지만, 삼나무 역시 참으로 기가 막힐 노릇이다.

곤충이 옮기는 충매화

역 앞에서 휴대용 티슈를 무작위로 나눠주기보다 단골에게 상자에 든 화장지를 소소하게 선물하는 편이 합리적이다. 불특정 다수에게 다이렉트 메일을 보내느니, 고객명부를 작성하는 편이 싸게 먹힌다. 뭐든 무작위로 하는 것은 헛됨이 많아서 비효율적이다.

그래서 많은 식물이 곤충을 매개로 꽃가루를 옮기는 방법을 생각해냈다. 바람에 맡겨 꽃가루를 날리는 옛날 방법과 비교하면 곤충에게 꽃가루를 옮기게 하는 방법은 매우 효율적이다.

얼마 전까지는 양미역취를 꽃가루알레르기 주범으로 몰았다. 하지만 양미역취로서는 억울한 누명이다. 양미역취꽃은 곤충을 불러들이기 위해 노란색 꽃과 꿀을 갖고 있다. 즉 양미역취는 곤충을 이용하여 꽃가루를 옮기는 충매화다. 곤충에게 꽃가루를 옮기게 하는 방법은 바람에 맡기는 방법에 비하면 확실하므로 꽃가루 양이 훨씬 적게 든다. 게다가 곤충이 옮겨다주니

귀한 꽃가루를 아깝게 바람에 날려버릴 일도 없다. 양미역취가 아무 때나 꽃가루를 날리는 것은 상상할 수 없는 일이다.

한편, 앞서 말한 삼나무나 편백, 돼지풀, 오리새 등 꽃가루알 레르기 원인으로 알려진 식물은 모두 바람으로 꽃가루를 날리는 풍매화다. 이 식물들은 곤충을 불러들일 필요가 없으니 엄청난 에너지를 쏟아 대량의 꽃가루를 만들어낸다.

꽃은 제각각이지만, 대량의 꽃가루를 바람으로 옮기는 풍매화도, 꽃잎으로 곤충을 불러들이는 충매화도 생각은 같다. 꽃가루를 다른 꽃 암술에 닿게 하려는 마음만은 하나다. 움직이지 못하는 식물이 꽃가루를 무사히 다른 꽃에 이르게 하는 일은 절대 녹록지 않다. 하지만 새로운 생명의 탄생을 위해서는 어떻게든 꽃가루를 암술에 닿게 하여 수분하지 않으면 안 된다. 여기서는 가장 일반적인 식물인 속씨식물을 주제로 수분에 대해 이야기해보자.

관능적인 꽃가루의 사랑

장거리 연애를 하는 연인이 오랜만에 만나면 불꽃이 튀듯이, 가까스로 만난 꽃가루와 암술의 결합은 드라마틱하다.

꽃가루를 고대하던 성숙한 암술의 끝은 점액으로 촉촉하게 젖어 있다. 한 예로, 백합꽃을 관찰해보면 성숙한 암술에서 스며 나온 점액은 이슬방울처럼 송골송골하다. 드디어 사랑하는 꽃가루가 다가와서 자극받으면 암술의 점액은 더 촉촉하게 스며 나온다. 후끈 달아오른 암술의 몸이라고 표현하고 싶지만, 성인 독자만 있는 게 아니니 이 정도로 하겠다.

하지만 관능적인 이야기는 계속된다. 암술에 닿은 꽃가루는 꽃가루관(花粉管)이라는 긴 관을 내밀어 펼친다. 그러면 꽃가루는 꽃가루관을 암술에 슬쩍 삽입하고 다시 관을 뺀다. 이때 암술 끝에서 스며 나온 점액은 꽃가루관이 암술로 들어가는 것을 원활하게 하는 작용도 한다. 마치 인간의 그것과 흡사하다. 꽃가루가 발아한 꽃가루관이 암술 속에 삽입되는 것은 식물의 씨앗이 뿌리를 내는 모습과 닮아서 '꽃가루관 발아'라고 불린다. 이것은 어디까지나 식물에 관한 이야기다.

그럼, 관능적인 이야기는 여기까지. 지금부터는 신비한 생명의 세계다. 암술의 안쪽 깊숙이에는 생명의 근원이 되는 난세포가 있다. 꽃가루관은 이 난세포를 목표로 뻗어간다. 흥미롭게도 이때 난세포를 목표로 하는 꽃가루관 수가 많을수록 꽃가루관은 활발하게 뻗어간다. 역시 라이벌 수가 많으면 연애는 불타오르는 법이다.

식물들의 생명 드라마

그런데 꽃가루관은 어떻게 난세포가 있는 방향을 알 수 있을까? 식물이 뿌리를 뻗듯이 중력에 따라 아래로 뻗는 게 아닐까 생각하겠지만, 그렇지는 않다. 식물의 꽃은 위로만 피는 게 아니라, 옆으로 피는 종류도 있다. 혹은 바람에 쓰러지기도 한다. 목표로 하는 난세포가 반드시 아래에만 있는 게 아니다.

난세포 양옆에는 조세포라는 세포가 있다. 이 조세포는 이름처럼 앞장서서 연애의 큐피드 역할을 맡는다. 조세포가 방출하는 꽃가루관의 유도물질이 "이쪽으로 오라"고 꽃가루관을 초대하면 그 초대에 이끌리듯 꽃가루관은 암술 안으로 뻗어간다. 그런데 이 조세포는 난세포가 수정에 성공한 것을 마지막까지 지켜보고 조용히 소멸해가기 때문에 매우 건강하다. 나라면 오히려 조세포 쪽과 연애할 것 같다.

그건 그렇고, 꽃가루와 난세포의 드라마도 드디어 마지막회다. 마침내 그 순간이 찾아왔다. 꽃가루관의 맨 끝이 난세포에 닿은 것이다. 꽃가루관이 난세포로 들어가면 마침내 꽃가루가 정액을 방출하여 난세포와 수정한다. 꽃가루와 암술이 결합한 순간, 이 순간이야말로 식물에게는 다음 세대의 새로운 생명이 싹트는 순간이다. 이것이야말로 생명의 기쁨. 이 순간을 위해 풍매화는 대량의 꽃가루를 날리고 충매화는 열심히 아름다운 꽃을 피워 곤충을 불러들였다. 이윽고 이 수정 배아는 암술 속에서 소중하게 자라 식물의 씨앗이 된다. 그야말로 한 편의 드라마가 아닌가.

인간도 식물과 같다

꽃가루관이 암술에 닿아 수분하는 순간, 이 순간만을 위해 식물은 꽃가루를 만들고 꽃을 피우고 대량의 꽃가루를 바람에 날려 보내거나, 아름다운 꽃을 피워 곤충을 불러들였다.

도저히 눈물 없이 보기 힘들다. 자손을 남기는 것만이 식물이 살아가는 목적이라고는 하나 식물의 생존방식은 너무나 찰나적이어서 공허하다.

그에 비해 우리 인류는 어떤가. 만물의 영장임을 자부하는 고등생물인 인간은 매일 지적인 라이프스타일을 만끽한다. 하지만 한번 돌이켜보자.

우리가 살아가면서 순순한 첫사랑을 하거나, 연애편지를 쓰거나, 며칠 밤을 고민하다 고백하거나, 실연으로 눈물을 흘리거나, 이성의 마음을 끌려고 멋을 부리거나, 야한 책을 사거나, 이성의 아이돌에게 열을 올리거나, 작업을 걸거나, 소개팅을 하거나, 영화를 보며 데이트를 하거나, 드라이브를 하거나, 선을 보거나, 최고의 상황을 설정하고 프러포즈하는 것은 무엇을 위해서일까? 이런 모든 것도 결국엔 수정의 순간, 새로운 생명이 탄생하는 순간을 위해서라고 말할 수 있지 않을까?

이것이야말로 생명의 근원. 우리 인생도 수정의 순간을 위해 적잖은 에너지를 소비한다.

식물이 수정하는 과정을 조금 관능적으로 표현한 것을 양해해주기 바란다. 식물의 수정 드라마는 그만큼 우리 인간과 닮아서 식물도 인간도 같은 생명임을 느낄 수밖에 없다.

인간도 식물도 지구상의 모든 생명은 이렇게 생명의 릴레이를 이어왔다. 이것이야말로 생명의 신비, 생명의 위대함이 아닌가.

14

식물을 시들게 하는 호르몬

식물에 애정은 전해진다?

여성에게 '귀엽다', '예쁘다'라고 매일 말을 해주면 정말 예뻐진다. 아내에게도 '귀엽다', '예쁘다'라는 말 한마디면 다른 말은 필요 없다.

식물에도 그런 에피소드가 있다. 화분에 심은 화초를 보고 매일 예쁘다고 말을 걸고 쓰다듬었더니 키도 아담하니 예쁜 꽃이 피었다는 것이다. 설마 하겠지만 이 이야기는 사실이다. 거짓 같다면 오늘부터 매일 식물에게 예쁘다고 말을 걸고 머리를 쓰다듬으며 키워보면 된다.

그렇다고 식물이 인간의 말이나 애정을 이해하느냐면 그렇지는 않다. 사실 이 이야기는 말을 걸었다는 것보다 쓰다듬었다는 것이 포인트다. 식물은 만져지거나 흔들려지는 물리적인 자극을 받으면 에틸렌이라는 물질을 방출한다. 에틸렌은 성장을 억제하는 작용이 있어 쓰다듬은 식물은 콤팩트한 모습이 된다.

논 가장자리 벼가 조금 작은 모습을 흔히 보는데, 이것도 바람에 잎과 가지가 스쳐 에틸렌이 방출되기 때문이다. 온실 안에서는 통로 쪽에 있는 식물이 작다고 한다. 이것 역시 사람이 오가며 잎과 가지가 스쳐지기 때문이다.

키가 자라는 것을 방해하는 요소가 있다면, 억지로 키를 키우기보다 몸을 오므리게 한다. 식물이 성장을 억제하는 데는 그런 이유도 있을 것이다. 에틸렌은 세포의 키 성장을 억제하여 식물을 작고 통통하게 하는 작용이 있다. 즉 땅딸보를 만든다. 매일 쓰다듬어진 식물은 그 자극으로 크게 자랄 수가 없다. 날마다 귀엽다는 말을 들으며 머리를 쓰다듬어진 게 식물로서는 상당한 스트레스가 쌓이는 생활이었던 셈이다.

물론 당신 아내에게 예쁘다고 머리를 쓰다듬어도 절대 땅딸

보로 변할 일은 없으니 마음 푹 놓고 말을 걸어도 좋다.

별칭 – 노화 호르몬

"용궁에서 마을로 돌아온 우라시마 타로가 보물상자를 열자…."

우라시마 타로 전설의 마지막 장면을 알고 있을 것이다. 이 보물상자에서 나온 흰 연기를 쐰 우라시마 타로는 순식간에 노인이 된다. 우라시마 타로를 노인으로 만든 흰 연기의 정체는 명확하지 않다. 그러나 식물에도 보물상자의 흰 연기 같은 가스가 존재한다. 그것이 앞서 말한 에틸렌이다.

에틸렌은 식물 체내에서 생성된 식물 호르몬의 하나인데, 그 중요한 작용은 노화다. 이 때문에 에틸렌은 노화 호르몬이라고도 불린다.

에틸렌은 의외의 일을 계기로 발견되었다. 19세기 유럽에서는 가스등을 사용했다. 그런데 가스등 근처의 가로수가 다른 나무보다 일찍 잎이 저버리는 신기한 현상이 일어났다. 훗날 연구로 가스등에서 발생되는 에틸렌 가스가 가로수의 노화를 앞당긴다는 사실이 밝혀져서 수수께끼가 풀렸다. 현대에도 석유난로 옆에 꽃을 꽂아두면 꽃이 오래가지 않아 시들어버리는데, 이 것 역시 석유난로의 연소 가스에 에틸렌이 함유되었기 때문이 다. 에틸렌은 싱싱한 식물을 노화시키는 신기한 가스다.

노화 – 과일의 숙성

누구든 나이 들고 싶어 하지 않는다. 보통은 언제까지나 젊 고 생생하게 살고 싶어 한다. 그런데 왜 식물은 스스로 늙어버 리는 노화 호르몬을 갖고 있을까? 에틸렌의 노화 작용이 가장 효과적으로 작용하는 것은 과일의 숙성이다. 멜론이나 사과, 바 나나 등 많은 과일은 스스로 에틸렌을 방출하여 숙성한다.

과일은 성장하면서 어느 순간 호흡이 활발해져 급격히 에틸 렌을 생성한다. 그리고 과일의 성숙이 단번에 진행된다. 이 현 상은 클라이막테릭 라이즈(Climacteric rise)라 불린다. '클라이막 테릭'은 인간세계에서는 인생 전환점이라 할 만할 때 사용되는 말이다.

과일의 사명은 열매가 무르익는 것이다. 하지만 열매가 익는 것은 동시에 노화를 의미한다. 클라이막테릭은 과일로서도 큰 전환기다. 결심한 듯 에틸렌을 방출한 과일은 이렇게 스스로 노화하여 죽음으로 가는 여행을 재촉한다.

에틸렌을 이용한 생활의 지혜

에틸렌은 다른 식물 호르몬과 달리 기체이므로 다루기가 만만치 않다. 공기 중에 퍼져 다른 식물에 적잖은 영향을 끼치기 때문에 가끔 뜻하지 않은 사고를 일으키기도 한다.

배로 보낸 수박이 너무 익어 전부 상해버린 사건이 있었는데, 범인은 놀랍게도 함께 쌓아둔 멜론이었다. 멜론에서 방출된 에틸렌 가스가 선내 창고에서 수박의 숙성을 앞당긴 것이다.

멜론이나 사과 등 에틸렌을 많이 생성하는 과일을 부주의로 채소실에 넣어버리면 큰일이다. 같은 채소실 안의 채소와 과일의 노화를 앞당겨 선도를 떨어뜨리기 때문이다. 반대로, 빨리 숙성시키고 싶을 때는 에틸렌을 이용하면 된다. 딱딱한 키위를 숙성시키려고 사과를 함께 넣는 것은 사과에서 나온 에틸렌이 키위의 숙성을 앞당기기 때문이다.

한편으론, 사과와 감자를 함께 넣어두면 감자의 싹이 나지 않는다는 생활의 지혜도 있다. 사실 이것도 에틸렌의 효과다. 숙성을 앞당기는 노화 호르몬이 감자에서는 정반대 작용으로 나타나 한참 동안 싱싱하게 유지된다.

미야자키 하야오 감독의 애니메이션 영화 〈원령공주〉에는 생명을 부여하거나 빼앗거나 하는 신기한 능력을 갖춘 츠시시신이라는 신비한 생물이 등장한다. 노화를 관장하는 에틸렌의 힘도 왠지 신비롭다.

노화를 진행하거나 늦추거나 하는 이외에도 에틸렌에는 다양한 작용이 있다. 그러고 보니 쓰다듬은 식물이 땅딸보가 되게 하는 작용도 있었다. 왜 같은 물질이 정반대 효과를 나타내거나 전혀 다른 작용을 보이는 것일까?

에틸렌은 식물의 신호

에틸렌은 탄소 2개와 수소 4개의 지극히 간단한 화학구조를 하고 있다. 이 단순한 물질이 왜 식물에 다양한 작용을 초래할까? 그것은 이런 현상이 에틸렌 자체의 화학 작용이 아닌, 식물 스스로 에틸렌을 신호로써 인식하기 때문이다.

빨간색에 관해 생각해보자. 빨간색 자체에 사람을 움직이는 작용은 없다. 하지만 우리 사회에서 붉은색은 다양한 의미와 작용을 갖는다. 예를 들면, 신호등에 빨간불이 들어오면 차나 사

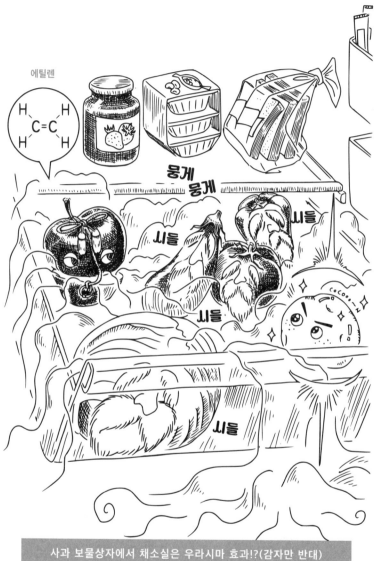

사과 보물상자에서 채소실은 우라시마 효과!?(감자만 반대)

람이 일제히 멈춘다. 교통신호에서는 빨간색이 멈춤의 신호이기 때문이다. 한편, 달력에 붉게 쓰인 날은 공휴일이다. 달력에 빨간색이 있으면 학교도 회사도 쉰다. 혹은 축구 심판에게 빨간색 카드가 나오면 그것은 퇴장 신호다. 선수는 조용히 필드를 뒤로할 수밖에 없다. 이처럼 같은 빨강이어도 사람들은 상황에 따라 전혀 다른 행동을 한다. 만일 우주에서 인간을 관찰하는 외계인이 있다면 틀림없이 이렇게 생각할 것이다. "왜 빨간색은 지구인에게 다양한 작용을 끼치는 걸까? 빨간색은 정말 신기한 색이야."

식물도 마찬가지다. 식물에게 에틸렌은 신호다. 이 신호를 받고 식물은 스스로 기능을 조절한다. 따라서 신호를 받은 식물의 종류와 때와 장소에 따라 이것이 전혀 다른 작용을 일으키더라도 전혀 이상할 게 없다.

썩은 귤 방정식

인기 청소년 드라마 〈3학년 2반 가네하치 선생〉에 '썩은 귤의 방정식'이라는 것이 등장한다. '상자 안에 썩은 귤이 있으면 다른 귤도 썩는다. 따라서 성적이 나쁜 학생은 배제해야 한다'

는 것이다.

썩은 귤이 있으면 다른 귤도 썩어버리는 것은 사실이다. 썩은 귤에서 발생하는 대량의 에틸렌이 다른 귤의 숙성을 앞당겨 결과적으로 썩어버린다. 그런데 나쁜 것은 썩은 귤이 아니라 에틸렌이다.

"상자 안에 에틸렌이 있으면 다른 귤도 썩게 된다."

썩은 귤 방정식의 썩은 귤은 에틸렌으로 바꿔야 맞다. 최근에는 식물이 방출하는 에틸렌을 제거하여 채소나 과일의 선도를 유지 보존하는 방법도 이용되고 있다.

하지만 그러기에는 에틸렌이 너무 불쌍하다. 에틸렌의 명예를 위해 한마디 하겠다. 무언가를 썩게만 하는 것이 에틸렌의 작용은 아니다. 싹이 나지 않는 구근이나 씨앗 등에 작용하여 앞으로 성장이 기대되는 젊은 새싹을 키우는 교육자 같은 역할도 에틸렌의 중요한 역할 중 하나다.

15

단풍이 빨갛게 물드는 이유

젖은 낙엽의 고민

가을은 왠지 쓸쓸한 계절이다. 한 장, 또 한 장 낙엽이 바람에 나부낀다. 그런 낙엽에 자신의 인생이 겹쳐 보여 괜히 울적하니 감상에 빠져들기도 한다.

낙엽도 바람에 춤추고 있는 동안은 좋지만, 비라도 내리면 큰일이다. 갈 곳 없는 젖은 낙엽이 철썩철썩 들러붙는다. 바스락바스락 밟히는 낙엽의 모습은 너무도 애달프다. 이 낙엽들은 불과 얼마 전까지도 나무 위에서 불타는 듯 붉은 아름다운 단풍이었다. 나뭇잎은 떨어지기 전에 선명하게 단풍이 든다. 단풍의 아름다움은 각별하다. 가을에는 각양각색의 단풍이 우리를 즐겁게 해준다.

다 타버리기 전의 촛불이 한순간 눈부신 빛을 남기고 격하게 사라지듯 빨간 단풍 역시 아름답기 그지없다. 새빨갛게 물드는 단풍도 생명의 불꽃을 활활 태우려는 게 아닐까. 잎의 마지막을 선명하게 채색하는 단풍에는 어떤 드라마가 숨어 있을까?

여름은 완전가동으로 광합성

그나저나 초록 잎이 그토록 선명한 빨간색이 되는 것도 신기하다. 식물 잎은 광합성을 하는 중요한 기관이다. 광합성이란 이산화탄소와 물을 재료로 태양에너지를 이용하여 식물이 살아가는 데 필요한 당분을 만드는 생명 활동이다. 광합성은 잎의 엽록체에서 이뤄지는데 잎이 녹색인 이유는 엽록소가 녹색이기 때문이다. 엽록소는 이산화탄소와 뿌리에서 잎으로 옮겨진 물을 원료로 부지런히 당분을 만들고 완성된 당분은 잎에서 줄기로 운반된다. 식물에게 잎은 당분을 생산하는 공장 같은 존재다.

식물 잎은 특히 여름 동안 바쁘다. 공장의 동력인 태양에너지가 풍족하니, 이산화탄소와 뿌리에서 보낸 물을 원료로 생산공장은 완전가동하여 당분을 만든다. 마치 거품경제 당시의 생산공장처럼 활기로 넘쳐난다.

그런데 이런 호경기는 언젠간 끝이 나게 마련이다. 마침내 더운 여름은 이별을 고하고 어느새 서늘한 가을바람이 불기 시작한다. 햇빛은 나날이 약해지고 낮도 짧아진다. 한여름 뙤약볕이 거짓말인 것처럼 태양에너지가 부족하다. 기온이 떨어지면서 광합성 효율도 떨어져 생산량은 나날이 감소한다. 뿌리의 움직임도 둔해지고 물의 양도 부족해지기 쉽다.

풀가동으로 일했던 생산공장도 한여름 밤의 꿈. 기온은 회복 기미도 보이지 않고 생산성은 뚝뚝 떨어진다. 혹독한 겨울이 바로 코앞까지 다가왔다.

결국 잎의 생산공장은 적자로 전락했다. 생산성은 떨어지는데 잎의 유지비용은 똑같이 든다. 아니, 잎은 수분이 증발하여 귀중한 수분을 낭비하므로 완전한 짐짝이 되고 말았다

혹독한 겨울나기 비법

이왕 의지하려면 든든한 사람에게 기대라는 말도 있는데, 나뭇가지에 달린 그 많은 잎은 어떻게 될까? 고심 끝에 내린 결론은 해고다. 식물은 긴긴 겨울을 나기 위해 귀중한 영양소나 수분을 낭비하는 것은 조금도 허용하지 않는다. 이리하여 생산공장으로서 가치를 잃은 잎은 우울한 날을 보낼 수밖에 없다.

지사에 근무하던 임원이 본사로 되돌아오면서 자산가치 있는 비품이 본사로 회수되듯이 잎에 있던 주목할 만한 단백질은 아미노산으로 분해되어 나무줄기로 회수된다. 드디어 해고가 코앞이다.

오늘일지 내일일지 각오는 했지만, 그날은 어느 날 불쑥 찾아왔다. 마침내 식물은 잎겨드랑이에 '이층'이라는 수분과 영양분이 통하지 않는 층을 만든다. 즉 본사에서 원료 공급과 자금을 멈춘 것이다. 이제 잎에는 수분도 영양분도 전혀 공급되지 않는다.

이층, 지금까지 열심히 살아온 잎에게는 더없이 차가운 울림의 말이다. 이렇게 하여 필요 없어진 잎은 비용 삭감의 명분과 함께 뚝딱 잘려나간다.

그런데 잎의 생산공장은 언제까지나 건강하다. 수분과 영양분 공급이 끊겼음에도 한정된 수중의 당분과 영양분으로 계속 광합성을 한다. 물론 아무리 열심히 당분을 만들어도 당분이 가지에 이를 일은 없다. 가지와 잎 사이는 이층이라는 두꺼운 벽에 차단되어 있다. 갈 곳을 잃은 당분은 결국 안토시안이라는 붉은 색소로 모습을 바꾸어간다.

왜 안토시안이 생성되었는지는 사실 명확하지 않다. 하지만 안토시안은 식물의 스트레스를 완화하는 작용이 있는 것으로 알려졌다. 스트레스는 오직 현대인만의 전매특허가 아니다. 식물도 다양한 환경의 스트레스를 받으며 살아간다. 지금 본사로부터 버려져 뚝뚝 떨어지는 기온 속에서 당분 생산을 계속하는 작은 공장이 얼마나 스트레스를 받고 있을지 상상이 가지 않는가.

엽록소가 파괴되어 단풍이 물들다

그동안의 노력도 허무하게 이층이 만들어진 후에도 광합성을 계속한 잎 속의 엽록소는 마침내 기온이 떨어져 파괴된다. 더는 당분을 만드는 기술조차 생각나지 않을 때, 잎에 변화가

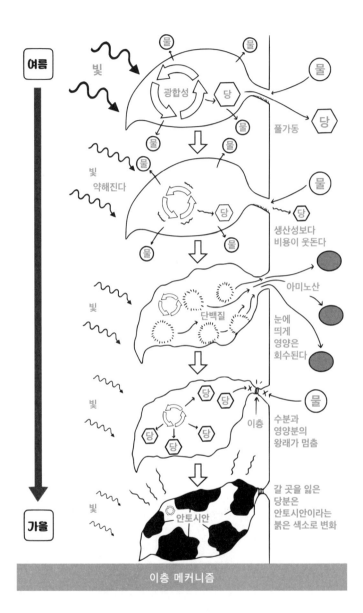

여름

빛

물　물

물

광합성　당

당

물

풀가동

물　물

빛
약해진다

물

당

물

물

당

생산성보다
비용이 웃돈다

빛

단백질

아미노산

눈에
띄게
영양은
회수된다

빛

당　당

당

당

이층

수분과
영양분의
왕래가 멈춤

물

빛

안토시안

갈 곳을 잃은
당분은
안토시안이라는
붉은 색소로 변화

가을

이층 메커니즘

일어난다. 지금껏 잎을 초록색으로 유지하던 엽록소가 파괴되면서 잎에 저장된 안토시안의 붉은 색소가 드러난 것이다.

"잎이 붉게 물들었어!"

사람들이 붉게 물든 단풍을 보고 가을의 깊이를 느끼기 시작할 무렵이야말로 생산공장 역할을 하던 잎의 등불이 스러져가고 있을 때다. 한여름 푸르름을 자랑하던 잎은 아름다운 붉은색으로 물들어간다.

단풍의 붉은색은 본사에서 잘려 내쳐진 후 죽을 각오로 만들어낸 안토시안이 남긴 유산이다. 잎은 여름 내내 일하고 또 일하며 영양분을 모으고 또 모은 끝에 해고를 당했다.

'얼마나 열심히 일했는데 나를 버리다니.'

이런 생각이 강하면 강할수록 단풍의 붉은색은 더 짙어진다.

고엽이여, 쉴 새 없이 흩날리는 고엽이여

명곡 '고엽'의 선율에 따라 버려진 낙엽이 늦가을 찬바람에 춤을 춘다. 바람에 날려와 쌓인 젖은 낙엽의 마음은 어떨까?

잎이 떨어지지 않는 조엽수

가을에 잎이 물든 후 잎이 떨어지면서 겨울을 나는 나무를 낙엽수라고 한다.

한편, 잎이 떨어지지 않는 나무도 있다. 예를 들면, 참나무나 녹나무는 겨울에도 잎이 떨어지지 않는다. 이런 식물은 잎 표면에 반짝이는 광택이 있어 조엽수라 불린다. 잎에 광택이 나는 이유는 나뭇잎에 큐티큘라라 불리는 왁스층이 두껍게 코팅되어 있기 때문이다. 이 큐티큘라로 겨울 동안 여분의 수분이 증발하는 것을 막는다.

"가을바람이 분다고 바로 해고하지는 않겠지. 잎을 매단 채로 생산능력을 유지하면서 어떻게든 겨울을 나자."

잎이 떨어져 버려지는 낙엽수에 비하면 무심코 박수갈채를 보내고 싶을 만큼 훈훈한 조엽수지만, 그런 만큼 추운 겨울에는 어울리지 않는다. 유감스럽지만, 조엽수가 겨울을 나는 방법은 추위가 심하지 않은 따뜻한 지역에서는 통하지만 추운 지역에서는 통하지 않는다. 그래서 조엽수는 대부분 남쪽 지방을 중심으로 분포하고 있다. 더 혹독한 추위를 견뎌내기에는 필요 없어진 잎을 효율적으로 떨어뜨리는 낙엽수가 더 적응에 뛰어난 시스템이다.

침엽수, 소나무의 경영철학

소나무도 겨울 동안 잎이 달린 식물 중 하나다. 하얀 눈더미 속에서도 짙은 초록 잎을 자랑하는 소나무 모습을 본 적이 있을 것이다.

소나무도 조엽수와 마찬가지로 잎이 큐티큘라로 견고하게 코팅되어 있다. 또한, 소나무의 잎은 바늘처럼 길고 가늘어서 잎 표면에서 수분 증발을 막는다.

다만 가는 잎은 빛을 받아서 광합성을 하려면 효율이 좋지 않다. 단풍이 드는 낙엽수와 비교하면 소나무 같은 침엽수는 훨씬 오래된 식물이다. 여름이나 겨울이나 똑같이 잎을 달고 있기보다는 여름에는 잎을 많이 달고 있다가 필요 없어지면 해고하는 게 훨씬 합리적이다.

하지만 혹독한 겨울에도 잎이 떨어지지 않는 소나무는 먼 옛날부터 불로장생의 상징이었다. 송죽매 중 맨 앞에 나오는 것이 다름 아닌 소나무다. 전통 혼례상에 배치된 소나무는 지조와 절개의 상징이다. 매서운 추위 속에서도 푸르름을 잊지 않는 소나무에 사람들은 존경과 경의를 품어왔다.

소나무 하면 떠오르는 일본의 기업 마쓰시타 전기산업을 일으킨 마쓰시타 고노스케 회장은 이런 말을 남겼다.

"한 사람도 해고해서는 안 된다. 그렇지 않으면 마쓰시타전기가 남을 이유가 없다."

확실히 낡은 사고방식일지도 모르지만, 후루룩 떨어지는 현대의 나무에게 들려주고 싶은 묵직한 말이 아닐까.

16

식물의 겨울나기

식물의 바른 자세

유독 겨울이 길어지고 있다. 겨울이 오면 봄도 머지않았지만, 봄을 고대하면서 겨울을 보내는 일은 간단하지 않다.

겨울을 어떻게 보낼지는 식물에게도 매우 중요한 문제다. 겨울에 확실히 살아남아야 승자를 예찬하는 듯한 화창한 봄빛을 받을 수 있다. 식물은 대체 어떻게 겨울을 날까? 여기서는 길가의 풀에 스포트라이트를 비춰보자.

우리는 추울 때 어떻게 하는가. 매서운 칼바람이 스치는 차디찬 겨울 아침. 많은 사람이 구부정한 자세로 걷고 있다. 이것은 차가운 바람이 닿는 부분을 가능한 한 줄이는 자세다. 표면적을 적게 하는 것이다. 체적당 표면적이 가장 작은 형태는 둥근 형태다. "고양이는 난로 옆에서 둥글어진다"는 말처럼 추위를 막으려면 몸을 둥글려 표면적을 작게 하는 게 가장 좋다.

그렇다고 식물이 고양이처럼 몸을 둥글릴 수는 없는 노릇이다. 식물이 살아가는 데는 햇빛이 필요한데, 햇빛을 받으려면 어떻게든 잎을 넓혀야 한다. 하지만 잎을 넓히면 추위를 정면으로 맞는다. 그렇다고 잎을 둥글리면 빛을 받을 수 없다. 추위를 피하면서 햇빛을 받는다. 얼핏 모순처럼 생각되는 조건을 채우려면 어떤 묘안이 필요할까?

이상적인 겨울나기

드레스에 부착하는 장미꽃 모양의 가슴 장식을 로제트라고 한다. 로제트란 장미꽃을 뜻하는 로즈에서 유래한 말이다. 고개를 숙이고 꽁꽁 얼어붙은 길을 걷다 보면 장미꽃잎처럼 땅 위에 방사형으로 잎을 펼친 식물이 눈에 들어온다. 이 스타일이야말로 초목 식물의 유명한 겨울나기 스타일이다. 가슴 장식인 로제트와 닮아서 이 겨울나기 스타일도 로제트란 이름으로 불린다.

로제트의 가지는 아주 짧아 거의 없는 것처럼 보인다. 짧은 줄기에 잎을 촘촘하게 달고 땅 위에 쫙 들러붙어 있다. 바깥 공기에 접하는 면은 잎의 겉쪽뿐, 잎의 안쪽은 따뜻한 땅 위에서 보호받고 있다. 바깥 공기에 접하는 면은 최소한이다. 그리고 잎은 불필요하게 무거워지지 않게 방사형으로 펼쳐 최대한 효율적으로 빛을 받는다.

이 로제트는 상당히 기능적인 겨울나기 스타일이다. 다양한 식물이 이 스타일을 선호하여 겉모양은 매우 흡사한 로제트를 만들어 겨울을 난다. 국화과 민들레도, 유채과 냉이도, 바늘꽃과 금달맞이꽃도, 차전초과 질경이도 그렇다. 꽃이 피면 전혀 닮지 않은 다양한 종류의 식물이 겨울 동안은 겉모양이 똑같은 로제트를 만든다. 아마 각각의 식물이 시행착오 끝에 진화하여 같은 형태에 이르렀을 것이다.

지하 깊숙이 뻗는 뿌리

햇빛을 받으면서 추위를 피하는 이상적인 형태 로제트, 이

로제트의 비밀은 그뿐만이 아니다. 민들레 커피를 아는가. 민들레 커피는 민들레 뿌리로 만든 커피다. 가정에서도 만들 수 있으니 꼭 만들어보면 좋겠다. 만드는 방법은 어렵지 않지만, 민들레 뿌리를 손에 넣기가 조금 어렵다. 민들레 뿌리는 캐는 게 간단하지 않은데, 민들레의 로제트 아래에는 우엉처럼 굵고 긴 뿌리가 땅속으로 뻗어 있다.

이 뿌리를 가늘게 저며 말린 것을 끓이면 민들레 커피다. 쌉쌀한 향에 뿌리를 캐낸 수고도 더해져 아주 깊은 맛을 느낄 수 있다.

이 굵고 긴 뿌리야말로 로제트의 비밀이다. 로제트는 그냥 지면에 들러붙어 추위를 나는 게 아니다. 가득 펼쳐진 잎은 빛을 받아, 태양에너지로 광합성을 하여 지면 아래 뿌리에 비축해둔다.

한겨울에 광합성은 의외로 효율이 나쁘지 않다.

광합성 작용은 효소가 만드는 화학 반응이므로 기온이 떨어지면 광합성 속도도 느려진다. 한여름 태양 아래서의 광합성과 비교하면 생산성이 저하하는 것은 피할 수 없다. 그러나 기온이 올라가는 여름은 광합성 양도 많지만 호흡의 양도 세차다. 애써 모은 영양분을 호흡으로 소비해버린다. 수입도 많지만 지출도 많아 생각만큼 생활하는 데 여유가 없다. 일한 것치고는 시원찮다.

한편 겨울은 어떤가. 광합성 양은 뚝 떨어졌지만, 기온이 낮아 호흡 양도 억제된다. 수입은 적지만 지출도 적기 때문에 꾸준히 일하면 일한 만큼 남아 수익률은 나쁘지 않다.

옆에서 보기에는 겨울바람을 견디기만 하는 것처럼 보이는 로제트지만, 사실은 부지런히 광합성을 하며 뿌리에 영양분을 축적하고 있다.

겨울이야말로 공격의 계절

겨울 추위를 견뎌내는 가장 안전한 방법은 씨앗이다. 추운 겨울에 일부러 땅 위에 잎을 펼칠 필요는 없다. 뱀이나 개구리처럼 따뜻한 땅속에서 겨울을 나면 추위도 넘길 수 있다.

그래도 땅 위에 열심히 잎을 펼치려는 로제트 식물이 있다. 왜일까? 봄이 오지 않는 겨울은 없다. 이윽고 힘들었던 겨울도 지나 따뜻한 계절이 찾아왔을 때, 그저 묵묵히 참고 견디는 것처럼 보였던 로제트 식물의 그루터기는 축적된 에너지로 줄기를 늘려 단번에 꽃을 피운다.

땅속에서 안전하게 겨울을 보낸 씨앗이 싹을 냈더라도 꽃을 피우기까지는 상당한 시간이 걸린다. 그에 반해, 로제트 식물은 봄이 찾아옴과 동시에 바로 꽃을 피운다. 겨울을 버틴 노력이 고스란히 봄의 성공으로 이어진 것이다.

추위 속에서 많은 영양분을 비축한 그루터기일수록 크게 성장하고 많은 꽃을 피운다.

만일 겨울이 없었다면 어떨까? 로제트가 다른 식물보다 앞서 꽃을 피울 수 있었을까? 겨울이 있었기에 로제트를 형성하는 식물은 다른 식물에 비해 우위에 설 수 있었다. 그렇게 생각하면, 로제트 식물에게 혹독한 겨울은 절대 참고 견디는 시절이 아니다. 성공을 위해 반드시 거쳐야 할 승부의 계절이다.

지구를 짊어진 삶의 모습

로제트야말로 겨울을 보내는 궁극의 방법이다. 기분이 가라앉았을 때는 손발을 펼치고 로제트 식물처럼 땅 위에 드러누워 보자.

싸늘한 바람은 당신에게 불어오지 않고 당신 위를 스쳐 지나간다. 태양에서 내리쬐는 따사로운 빛이 온몸 가득 느껴진다.

등에는 대지의 따스함이 전해지고, 눈 위에 펼쳐진 하늘은 더없이 넓고 높고 투명하며 푸르다. 이렇게 하고 있으면 몸속에서 힘이 불끈 솟는 듯한 기분이 든다. 어쩌면 이것이 로제트 식물의 기분일까?

큰대자로 드러누웠을 때 누군가 이런 말을 한 적이 있다.

"우리는 지금 지구를 업고 있는 거야."

대지에 드러누운 것은 우주 공간에서 상하를 거꾸로 놓고 본다면 지구를 업고 있는 것이나 다름없다. 땅바닥에 들러붙은 게 아니다.

로제트 식물은 겨울 추위를 피하지 않고 겨울과 마주하며 살아가는 길을 택했다. 그리고 결국 추위를 자기편으로 만들어 성공하기 위한 발판으로 삼았다. 겨울의 시대라고 한 지 오래지만, 우리도 봄을 대비해 확실하게 에너지를 비축하고 있지 않은가. 봄이 오지 않는 겨울은 없다.

17

식물이 내뿜는 피톤치드

산은 왜 푸를까?

  예전에 '푸른 산맥'(1949년 일본에서 발표된 곡)이라는 노래가
유행했었는데, 푸른 산맥이라는 말 그대로 멀리 보이는 산맥은
푸르게 보인다. 게다가 형언할 수 없이 아름답다.

  왜 멀리 보이는 산은 푸를까? 산은 나무로 덮여 있어 가까이
서 보면 초록색이다. 그런데 멀리 떨어지면 신기하게도 초록이
아닌 푸른색으로 보인다.

먼 산이 푸르게 보이는 것은 빛의 작용 때문이다. 태양광이 공기 중 미립자와 부딪쳐 흩어지면, 파장이 짧은 푸른빛일수록 강하게 흩어진다. 하늘이 푸르게 보이는 것도 먼 산이 푸르게 보이는 것과 같은 이치다. 산에서 오는 반사광선이 긴 거리를 거쳐 대기 속을 통과하기 때문에 푸른 산란광이 보이는 것이다.

담배 연기가 푸르게 보이는 것도 연기 입자에 태양광이 닿아 푸른빛이 흩어지기 때문이다.

그런데 말이다. 멀리 있지도 않은데 산이 푸르게 보이는 괴현상이 세상에 보고되고 있다. '블루 마운틴'이라 불리는 현상이다. 푸른 안개가 낀 것처럼 보이는 불가사의한 광경 덕분에 이 지역은 예로부터 신성하고 특별한 장소로 받아들여졌다.

풍부한 향과 깊은 맛이 자랑인 블루 마운틴이라는 커피 이름은 원산지인 자메이카 중앙에 위치한 산 이름에서 유래했다. 블루 마운틴은 이름 그대로 푸르게 보이는데, 왜 녹색이 아닌 청색으로 보이는 것일까?

숲을 채운 물질

블루 마운틴 현상도 태양의 청색광이 흩어져서 일어난다. 사실 이런 산들 주변에는 미립자가 높은 밀도로 떠돌고 있어 가까이에서 봐도 산이 푸르게 보인다.

하지만 이런 의문도 든다. 왜 이런 산들 주변에만 미립자가 많이 떠돌까? 그 정체가 피톤치드다.

피톤치드란 식물이 체외로 방출하는 성분의 총칭이다. 블루 마운틴이라 불리는 산 주변에는 깊은 숲이 있어 숲의 나무가 내뿜는 다양한 화학물질이 대기 중으로 휘발된다. 이런 화학물질이 공기 중 미립자 같은 역할을 하여 숲 위로 아름답고 푸른 안개를 만들어낸다.

블루 마운틴은 특히 피톤치드 발생이 격심한 지역에서 볼 수 있는 현상이지만, 피톤치드 발생 자체는 지극히 일반적인 현상이다. 우리의 친근한 숲에서도 나무들은 다양한 물질을 대기 중에 방출하고 있다.

독을 내뿜는 숲

미야자키 하야오의 애니메이션 영화 〈바람의 계곡 나우시카〉에는 부해(腐海)라 불리는 불가사의한 숲이 등장한다. 무대는 문명사회가 붕괴한 천년 후의 미래. 인간 때문에 오염된 대지에 펼쳐진 부해의 식물은 독을 내뿜고 있다. 숲의 독을 흡입하면 폐가 썩어들어가 생명은 존재하지 않는다. 부해의 숲은 사람들이 다가갈 수 없는 두려운 존재다. 영화에서는 가까스로 살아남은 인류가 점점 퍼지는 부해의 독으로 공포에 떨며 살아간다.

그런 두려운 미래의 숲과 비교하면, 현대의 숲은 정말이지 은혜롭고 풍요롭다. 숲의 공기는 더없이 상쾌하여 깊게 호흡하면 몸과 마음이 편안해지는데, 이런 작용도 숲의 나무가 내뿜는 피톤치드 효과라고 할 수 있다.

그런데 숲의 나무들이 피톤치드를 내뿜는 것은 전혀 인간의 건강을 고려한 것이 아니다. 피톤치드(Phytoncide)는 러시아 연구자가 붙인 이름으로, 식물을 의미하는 라틴어 '피톤(Phyton)'과 '죽이다'를 의미하는 '치드(cide)'의 합성어다. 그 실상은 매우 무서운 단어다.

원래 피톤치드는 식물이 내뿜는 휘발성분 때문에 식물에서 떨어진 곳에 둔 미생물이 사멸하는 현상에서 발견되었다. 식물에게 곤충이나 병원균은 큰 적이다. 그래서 식물은 곤충이나 병원균이 다가오지 못하게 다양한 독성물질을 대기 중에 방출하는데 그것이 피톤치드다.

전혀 특출한 것이 아니다.

현대의 숲도 미래의 부해 숲과 마찬가지로 독을 내뿜는다. 인공위성에서 찍은 지구 사진을 보면 아마존 유역이나 중앙아프리카, 동남아시아 등의 삼림지대에는 푸른 연무가 떠돌고 있는 것이 보인다. 숲 전체가 피톤치드 독으로 덮여 있다.

독과 약은 종이 한 장 차이

현대의 숲이 우리가 다가가지 못하게 하는가 하면 그렇지는 않다. 오히려 독이 넘쳐나는 숲속에서 사람들이 어떻게 몸과 마음을 쉴 수 있는지가 신기할 따름이다.

여기에는 몇 가지 이유를 생각할 수 있다. 하나는 숲의 공기가 정화되기 때문이다. 피톤치드는 해충이나 병원균의 접근을 막는다. 그래서 잡균도 적어 인간에게 해를 끼치는 병원균도 배제한다.

또한, 호르미시스 효과의 가능성도 고려할 수 있다. 호르미시스란 그리스어로 '자극하다'라는 의미다.

피톤치드 독에는 인간을 죽일 만큼 큰 힘은 없다. 하지만 인간에게 자극이 되는 작용은 있다. 즉 인간의 몸은 약한 독의 자극을 받아 활력이 생긴다.

자동차를 운전하다가 부딪칠 뻔해서 간담이 서늘해지면, 졸음이 싹 달아나고 정신이 번쩍 들어 운전에 집중하게 된다. 교통사고가 날 만큼 큰 우발적 사고는 타격이 크지만, 작은 우발적 사고는 본래 가진 능력을 발휘하기 위한 적절한 자극이 된다. 독과 약은 종이 한 장 차이다. 독도 소량 먹으면 약이 된다. 실제로 식물이 미생물이나 곤충을 죽이기 위해 비축한 독 성분의 대부분이 인간에게는 약초나 한방약의 약효 성분으로 이용된다.

삼림욕을 하면 피톤치드 자극을 받아, 자고 있던 몸속의 다양한 기능이 되살아나 활성화한다. 실제로 암세포를 퇴치하는 내추럴킬러 세포가 활성화하거나 면역 글로불린 양이 증가하는 등 면역력이 현격히 높아진다. 숲속에서 힐링을 하는 순간에도 우리 몸속은 피톤치드에 대해 만반의 태세를 갖추고 있을지도 모른다.

도시는 인간이 만든 숲

피톤치드 덕분에 숲의 공기가 정화되어 인간의 활력은 높아진다. 하지만 이것만으로는 설명이 되지 않는다. 이를테면 삼림욕은 자율신경을 안정시켜 뇌파인 알파파를 낸다. 혹은 숲의 초록은 현대인의 지친 눈을 쉬게 한다. 숲에는 분명 피톤치드에 맞서 만반의 태세를 갖추는 것과는 양립할 수 없는 치유 작용이 있다.

숲에서 우리가 치유를 받는 것은 인간이 먼 옛날 숲의 주민이었던 것과 무관하지 않다. 우리에게 깊이 새겨진 먼 기억이 숲에 대해 특별한 감정을 갖게 하는 것은 아닐까?

정글 숲에서 초원으로 진출한 원숭이가 우리 인류의 선조라고 한다. 그들은 마침내 두 다리로 걷고 불을 사용하여 도구를 만들게 되었다. 그리고 도시를 만들어 자동차나 전철을 달리게 하고 콘크리트 정글이라 불리는 인공 숲을 만들어내기에 이르렀다.

도시의 인공적인 환경은 의외로 숲과 상당히 닮았다. 그 증거로 깊은 숲에 사는 생물들이 도시로 진출하여 나름 편안하게 살아간다. 도시에서 문제가 되는 큰부리까마귀는 정글 까마귀라는 별명처럼 원래는 삼림에서 살았다. 큰부리까마귀가 도심에서 번성하는 이유도 빌딩이 숲을 이룬 환경이 삼림과 닮았기 때문이라고 한다. 산야를 누비는 매와 독수리조차도 최근에는 빌딩 숲 사이를 누비고 다닌다. 도심에 살아가는 인류도 어차피 숲의 주민에 지나지 않는다고 할까.

그러나 콘크리트 숲에 넘쳐나는 것은 피톤치드가 아니다. 차에서 무작위로 배출되는 해로운 배기가스나 소음, 수시로 날아드는 휴대전화 전파, 에어컨 실외기에서 나오는 뜨거운 바람이 우리를 에워싼다. 도심 하늘을 감싸는 광화학 스모그는 하늘을 파랗게 하기는커녕 탁한 회색빛으로 물들일 뿐이다.

그렇다면 부해의 독으로 고심하는 천년 후 미래의 인류는 문명사회를 구가하는 우리 현대인을 어떻게 생각할까? 설마 부해의 숲이 훨씬 낫다고 생각하는 것은 아닐까?

18

현대에 남은 고대식물

식물학자가 흥분하는 나무

외국의 식물학자를 데리고 시내 관광에 나섰을 때의 일이다. 유명한 정원을 가도, 오래된 사찰을 가도 전혀 흥미를 보이지 않고 시큰둥한 표정을 짓던 터라 안내를 자청한 내가 아주 난감한 상황이었다.

그런데 말이다.

"꼭 여기서 기념사진을 찍어주세요."

그가 흥분하여 이렇게 외친 장소가 있다. 그곳은 주차장 옆에 심어진 한 그루 은행나무 앞이었다. 그 나무 앞에서 사진을 찍어달라는 것이다. 오가는 사람들이 신기하게 바라보는 와중에 나는 은행나무 앞에서 포즈를 취하는 그를 열심히 카메라에 담았다. 만족스러워하던 그의 환한 웃음이 지금도 기억에 생생하다.

그는 왜 이렇게까지 흥분했을까? 사실 우리에게는 흔하디흔한 은행나무지만, 서양에서는 별로 눈에 띄지 않는다. 게다가 은행나무는 살아 있는 화석으로 잘 알려진 식물이다.

누구든 여행지에서 실러캔스(Coelacanth, 3억 7500만 년 전 지구상에 출현했던 물고기)를 봤다면 흥분할 것이다. 그에게 은행나무는 그야말로 실러캔스에 필적하는 가치 있는 나무였던 것이다.

은행나무는 살아 있는 화석

은행나무가 2억 년 전 공룡시대에 번성했던 것은 화석이 증명하고 있다. 하지만 은행나무는 대부분 멸종한 공룡과 운명을 함께하며 모습을 감췄다. 그리고 딱 하나 살아남은 후손이 현재 우리가 보는 은행나무다. 은행나무는 공룡과 같은 시대를 살았던 오래된 식물이다.

　은행나무가 살아 있는 화석이라 불려도 워낙 친근한 식물이라 바로 느낌이 오지 않을 것이다. 하지만 은행나무에는 분명 고대식물의 특징이 남아 있다.

　예를 들어 잎을 살펴보자. 일반적으로 식물의 잎은 맨 중앙에 본선이 되는 두꺼운 잎맥이 한 줄 지나고, 거기에서 갈라진 가는 잎맥이 지선으로 이어져 있다. 구석구석까지 물이나 영양분이 닿게끔 두꺼운 잎맥과 가는 잎맥이 계획적으로 설계되어 있다.

　그런데 은행나무는 다르다. 부채 모양을 한 은행나무 잎을 보면 한 줄 잎맥이 두 개로 나뉘고 그 잎맥이 다시 두 개로 갈라져 끝으로 가면서 잎맥 수가 곱절로 늘어난다. 마치 토너먼트 표를 거꾸로 한 듯한 구조다. 어디를 봐도 한 줄 잎맥이 두 개로 갈라지는 기본 구조의 반복이라 역할 분담이 없다. 이래서는 뿌리에서 흐르는 물은 끝으로 갈수록 줄어든다. 은행잎은 도쿄의 마크로 사용되는데 대도시 상징이라고는 생각하기 힘든 비효율적인 배수 시스템이다.

　하지만 누구에게나 젊은 시절은 있었다. 진부한 고대식물인 은행나무도 막 데뷔한 고생대에는 아주 획기적인 새로운 얼굴이었을 것이다.

육상으로 진출한 것이 진화의 열쇠

타임머신을 타고 식물 진화의 역사를 더듬어보자. 지상에 식물이 등장한 것은 약 4억 년 전. 그 시대의 주역은 양치식물이다. 당시는 뱀밥이나 고사리를 닮은 수십 미터짜리 거대한 양치식물이 울창한 숲을 이루었다.

그런데 양치식물에는 결점이 있다. 뱀밥의 생식에는 물이 꼭 필요하다. 뱀밥의 포자는 발아하면 전엽체라는 작은 식물체를 형성한다. 그리고 머지않아 전엽체에서는 정자와 난자가 만들어지고 정자가 물속을 헤엄쳐 난자에 도달하여 수정한다. 정자가 헤엄쳐 난자에 이르는 방법은 생명이 바다에서 탄생한 흔적이다. 물론 진화의 정점에 있다고 자부하는 인간도 똑같이 정자가 헤엄쳐 난자와 수정한다. 생물이 진화하면서 극복해야 할 과제는 생명 탄생의 근원인 바다의 환경을 어떻게 육상에 실현할지에 달려 있었다.

지상에 진출한 양치식물도 정자가 헤엄칠 물이 필요했기에 물기가 있는 축축한 장소가 아니면 증식할 수 없었다. 그 결과, 크게 번성한 양치식물도 세력 범위는 물 주변에 한정되어 광대한 미지의 대지로 진출하지 못했다.

그때 화려하게 등장한 새로운 얼굴이 은행나무 같은 겉씨식물이다. 은행나무는 육상으로 진출할 수 있는 획기적인 생식 시스템을 고안했다.

잘 아시다시피 은행나무에는 암수가 있다. 암나무에서 생성된 꽃가루가 바람을 타고 수나무 음낭에 이르러 내부로 잠입한다. 그리고 꽃가루는 음낭 속에서 두 개의 정자를 만든다. 꽃가루가 다가왔음을 확인한 후 음낭은 4개월에 걸쳐 알을 성숙시킨다. 이때 은행나무는 음낭 안에 정자가 헤엄칠 수영장을 마련한다. 그래서 알이 성숙하면 정자는 수영장 물속을 헤엄쳐 알에 이른다.

바다나 강으로 매일 물놀이를 갈 수 없으니 가까운 정원에 수영장을 만들어버린 느낌이랄까. 이 외국 부호 같은 발상 덕분에 은행나무는 물 주변이 아니어도 정자를 헤엄치게 하여 생식할 수 있게 되었다. 그리고 마침내 마른 토지에 숲을 이루는 데 성공했다.

스피디한 수정

그러나 당시에는 획기적이었던 시스템도 현대에 들어서면서 진부한 과거의 것이 되고 말았다. 이 복고적인 시스템을 현대에도 채용하고 있는 식물은 오래된 식물인 겉씨식물에서조차도 은행나무와 소철 정도다.

그 외의 겉씨식물은 좀 더 개량된 새로운 시스템을 채용하고 있다. 여기서는 대표적인 겉씨식물인 소나무를 예로 들어보겠다. 소나무는 봄에 새로운 솔방울을 만든다. 이것이 소나무의 꽃이다. 솔방울의 비늘조각이 열렸을 때, 우주선이 거대한 모선에 격납되는 SF영화의 한 장면처럼 열린 솔방울 속으로 미세한 꽃가루가 침입한다. 그리고 머지않아 무거운 문이 닫히듯 솔방울이 닫힌다. 이 솔방울은 다음 해 가을까지 열리지 않는다. 솔방울 속은 아무도 들어오지 못하는 폐쇄 공간이 된다.

그 사이 솔방울 속에서는 긴 날들을 보내며 알과 정핵이 형성되어 마침내 수정이 이뤄진다. 소나무는 알에 묻은 꽃가루에서 꽃가루관이라는 관이 나와 그 속을 정핵이 지나면서 수정된다. 즉 정자가 헤엄치지 않고 수정이 가능해져 물이 없어진 것이다. 수정하려면 정자가 헤엄칠 물이 필요하다는 오랜 세월의 상식을 뒤엎은 놀라운 시스템을 고안한 것이다.

아직 개선해야 할 문제는 남아 있다. 꽃가루가 도달하고 나서 알이 성숙하기 시작하는 겉씨식물의 시스템은, 주문받고 나서 장어를 손질하는 역사 깊은 장어집과 같아서 어쨌든 시간이 걸린다. 장대한 시간의 흐름 속에 있던 공룡시대라면 모를까. 초를 다투는 현대에는 적합하지 않다. 역시 손님이 오든 오지 않든 미리 상품을 만들어두는 패스트푸드가 현대적이다.

현대에는 지극히 당연한 그 시스템을 개발한 식물이 바로 속씨식물이다. 벼나 국화 등 오늘날 우리가 보는 식물은 대부분 속씨식물이다.

속씨식물은 암술 속에서 미리 알을 성숙시킨다. 꽃가루가 도착했을 때는 이미 수정 준비가 완료되었다. 그래서 꽃가루가 도착하는 대로 바로 꽃가루관을 늘려 정핵을 알로 보내 수정을 완료한다. 이 시간은 불과 수 분에서 길어도 수 시간이다. 지금까지 일 년 이상이나 걸린 것을 생각하면 혁신적인 스피드다. 속씨식물의 이런 수정법은 식물계에 센세이션을 일으켰다. 약 1억 년 전의 일이다.

수정 기간이 짧아지면서 수정 성공률도 높아졌다. 게다가 이 기술의 혁신은 더 큰 효과를 불러왔다. 스피디한 수정을 실현하면서 세대교체가 급격히 빨라져 비약적인 진화 스피드를 이룬 것이다.

속씨식물이 공룡을 멸종시켰다

속씨식물이 등장했을 때 지구의 역사상 가장 수수께끼로 남은 대사건이 일어났다. 그토록 번성했던 공룡이 멸종한 것이다.

공룡의 멸종 요인에 관해서는 여러 설이 분분하다. 거대한 운석의 충돌로 대규모 화재가 발생하여 엄청난 양의 분진이 하늘을 뒤덮자 심각한 기온 저하가 초래되었다는 설이 지금으로서는 유력하다. 하지만 속씨식물의 진화도 공룡 멸종에 적지 않은 영향을 끼쳤으리라 본다.

겉씨식물을 먹이로 하는 공룡은 속씨식물이 획득한 스피디한 진화를 따라가지 못했다. 속씨식물은 세대교체를 이루면서 모든 환경에 적응하며 생육 범위를 넓혀갔다. 속씨식물이 번성할수록 공룡의 먹이인 겉씨식물은 감소해갔다. 공룡들은 먹이를 잃고 생육 범위를 급속히 좁혀갔다.

물론 속씨식물을 먹게끔 진화한 공룡도 출현했다. 아이들에게 인기 있는 공룡 트리케라톱스는 키가 작은 속씨식물을 먹이로 하게끔 진화한 새로운 타입의 공룡이었을 것이다. 그러나 속씨식물의 진화 속도는 공룡의 진화를 훨씬 앞서갔다. 속씨식물은 대부분 확실한 진화를 이루고 독 성분을 획득했다.

현대에는 원시적인 특징을 지닌 속씨식물에는 유독식물이 많다. 속씨식물이 독성 물질을 획득한 이유는 밝혀지지 않았다. 하지만 적어도 속씨식물의 독은 공룡에 막대한 해를 끼쳤으리라 짐작한다. 인간 등의 포유동물은 독성이 있는 먹이를 쓴맛으로 인식하고 거부하지만, 파충류는 독성 물질에 둔한 것으로 알려졌다. 공룡도 독성물질을 인식하지 못하고 대량으로 섭취한 것은 아닐까? 공룡시대 말기의 화석을 보면 내장 기관의 비정상적인 비대나 알의 껍데기가 얇아지는 등 중독이라 의심할 만한 심각한 생리 장애가 보인다. 공룡이 현대에 되살아난 SF영화 〈주라기공원〉에도 트리케라톱스가 유독물질에 중독되어 쓰러지는 장면이 나온다.

역사 깊은 오랜 점포가 눈이 핑핑 돌아가는 현대의 변화에 따라가기 힘들듯 공룡 또한 속씨식물이 리드하는 진화에 따라가지 못했다. 그리고 시대에 적응하지 못한 공룡은 저절로 쇠퇴의 길을 걷게 되었다.

곤충, 동물, 새와의 동맹

옛 시대를 종언시킨 속씨식물의 눈부신 진화는 한편으로 새로운 시대를 열었다. 속씨식물은 꿀로 곤충을 불러들여 꽃가루를 옮긴다. 이 식물의 진화로 나비나 벌 등 꿀을 먹이로 하는 새로운 타입의 곤충이 생겨나고 식물의 진화에 발맞춰 곤충도 다양한 진화를 이뤘다.

또한, 속씨식물은 밑씨를 지키던 씨방의 새로운 이용법을 생각해냈다. 씨방을 키워 과일을 만들어 동물이나 새의 먹이로 주는 대신 씨앗을 옮기도록 한 것이다.

자연계는 먹느냐 먹히느냐의 치열한 생존 투쟁이 벌어지는 곳이다. 식물을 먹이로 하는 초식공룡은 육식공룡에 잡아먹히고, 그 육식공룡은 다시 거대한 공룡에 잡아먹힌다. 그런 살벌한 자연계에서 식물은 곤충과 동물, 새와 현대 생태계의 기초가 되는 상리공생의 파트너십을 구축했다. 그리고 이 동맹 관계를 바탕으로 식물과 곤충, 동물, 새는 함께 진화하여 번영을 이루며 현대의 풍요로운 생태계를 만들어왔다.

이 동맹을 맺기 위해 식물이 무엇을 했는지에 주목해보자. 먼저 꿀이나 과일 같은 매력적인 선물을 선보이는 대신, 꽃가루나 씨앗을 옮겨 받았다. 즉 자신의 이익보다 상대 이익을 우선하여 서로에게 이익을 초래하는 우호 관계를 제안했다.

"먼저 주어라. 너희도 받을 것이다."

이것이 식물이 진화 과정에서 실천한 사랑이다. 이 가르침이 성서에 기록되기 훨씬 전인 1억 년 전에도 식물은 이 진리를 깨닫고 있었으니 참으로 대단하다.

19

초록 행성을 만든 식물의 민낯

식물은 환경 파괴자였다

핵전쟁 이후의 지구를 상상해보자. 풍요로운 대지는 방사능에 오염되어 인류는 멸망 위기에 처한다. 가까스로 살아남은 인류는 방사능이 닿지 않는 땅속 깊숙한 곳으로 도망쳐 목숨을 부지할 수밖에 없었다. 인류가 사라진 지상에는 가득한 방사능 에너지를 흡수하도록 진화를 이룬 새로운 생명이 지배하고 있다. 그야말로 SF 세계다. 하지만 이와 매우 흡사한 이야기가 그 옛날 지구상에 일어났다. 고대문명인이 지하로 피신하여 지하에 사는 지저인(地底人)이 되었다는 이야기는 아니다. 이것이야말로 식물 탄생에 관한 이야기다.

식물은 지구 생명의 근원이다. 많은 생물은 식물이 만들어낸 산소로 살아간다. 식물은 생태계 식물연쇄의 가장 기반을 이루고 있다. 식물을 먹은 초식동물은 육식동물이 먹는다. 모든 동물은 식물 없이는 살아갈 수 없다.

그런데 이 식물이야말로 예전에 지구환경을 파괴하고 격변시킨 무서운 생물이었다고 하면 어떨까? 믿기는가?

때는 약 36억 년 전. 예전에 지구에는 산소가 거의 존재하지 않아 아마 금성이나 화성 같은 행성과 마찬가지로 대기의 주성분은 이산화탄소였을 것이다. 하지만 그런 지구에도 생명은 숨쉬고 있었다. 당시 지구 주민은 작은 미생물이었다. 산소가 없는 지구에 최초로 탄생한 작은 미생물은 황화수소를 분해하여 작은 에너지를 만들어 살고 있었다. 미생물의 소박한 평화의 시대는 계속되었다.

산소는 독성물질?

그런 평화로운 날들을 깨뜨리는 사건이 일어났다. 빛을 이용하여 에너지를 만들어내는 지금까지 없던 새로운 타입의 미생물이 등장한 것이다. 그 미생물이 바로 광합성을 하는 최초의 생물 플랑크톤이다.

광합성은 태양에너지를 이용하여 이산화탄소와 물로 에너지원인 당분을 만들어내는 시스템이다. 이 광합성으로 만들어지는 에너지는 막대하다. 정말이지 혁신적인 기술혁명이 일어난 것이다. 그런데 이 광합성에는 아무리 해도 폐기물이 나온다는 결점이 있다. 광합성의 화학반응으로 당을 만들 때 남은 것이 산소가 된다. 산소는 폐기물이다. 이렇게 하여 필요 없어진 산소는 식물 플랑크톤 체외로 배출되었다. 물론 공해 규제가 없던 시기이기에 산소는 그대로 방류되었다. 당시 산소가 거의 없던 지구였지만, 눈꼴사나운 식물 플랑크톤의 광합성 활동으로 자연스럽게 대기 중 산소농도가 높아졌다. 의외라고 하겠지만, 식물이 만들어낸 산소는 모든 것을 녹슬게 하는 두려운 독성 물질이다. 철이나 동 같은 강한 금속마저도 산소가 닿으면 녹이 슬어 너덜너덜해질 정도다. 물론 생명을 구성하는 물질도 산소가 닿으면 녹슬어버린다. 대기 중 산소농도의 증가는 생명을 위기로 몰아넣는 환경오염이다. 현대라면 심각한 환경파괴다. 또한, 대기 중에 방출된 산소는 지구환경을 대폭 변화시키는 결과를 초래했다.

산소는 지구에 내리쬐는 자외선에 닿으면 오존이라는 물질로 변한다. 식물 플랑크톤이 배출한 산소는 마침내 오존이 되고 갈 곳이 없어진 오존은 상공에 흩어지다가 점차 쌓여갔다. 이렇게 만들어진 것이 오존층이다. 이 오존층은 지구환경을 급격히 변화시켰다.

또한, 오존층은 생명 진화에 생각지 않게 중요한 역할을 했다.

예전에 지상에는 엄청난 양의 자외선이 내리쬐고 있었다. 기미나 주근깨 원인이 되는 자외선은 피부의 주적으로 몰려 모든 여성이 꺼리는데, 사실 꺼리기만 해서 될 일이 아니다. 자외선에는 DNA를 파괴하는 작용이 있어 생명을 위협할 만큼 해롭다. 살균하는 데 자외선램프를 사용하는 이유는 그 때문이다.

그런데 오존에는 자외선을 흡수하는 작용이 있다. 상공에 형성된 오존층이 지상에 내리쬐던 해로운 자외선을 차단해준 것이다. 지금까지 강한 자외선으로 생명이 존재할 수 없었던 지상의 환경은 급격히 변모했다.

바닷속에 있던 식물은 만반의 준비를 하고 마침내 지상으로 진출하게 되었다. 식물 입장에서는 자신의 폐기물로 인해 생식 장소가 넓어지는 결과가 되었으니 아주 신이 날 만하다. 쓰레기로 바다를 메워 신도시를 만든 것과 같다고 할까.

창조인가, 파괴인가

지상에 상륙한 식물은 기세를 늘리며 번성하고, 광합성 활동으로 계속해서 산소를 방출한다. 대기 중 산소농도는 높아져가는 한편, 그때까지 지구에서 번성하던 미생물은 대부분 산소 때문에 사멸했다. 아주 조금 살아남은 미생물도 땅속이나 심해 등 산소가 없는 환경에 몸을 숨기고 조용히 살아갈 수밖에 없었다.

그런데 말이다. 산소의 독으로 사멸하기는커녕 산소를 흡수하여 생명 활동을 하는 생물이 등장했다. 이왕 악역으로 찍힌 바에야 끝까지 악역으로 가자. 산소에겐 독성이 있는 대신 폭발적인 에너지를 만들어내는 힘이 있다. 이른바 양날의 검이다.

위험을 인지하고 이 금단의 산소를 손에 넣은 미생물은 지금까지 없던 풍부한 에너지를 이용하여 활발하게 움직일 수 있게 되었다. 또한, 풍부한 산소를 이용하여 튼튼한 콜라겐을 생성하여 몸집을 키우는 데 성공했다.

SF영화에서 그려지는 핵전쟁 이후의 지구. 막대한 에너지를 가진 방사능으로 생물은 거대해져 흉포한 괴수가 된다. 하지만 산소로 인해 거대해지고 활발해진 당시 생물도 인류의 먼 조상이다. 이 미생물은 산소로 오염된 대지에서 번성하고 그 후 현격한 진화를 이뤘다. 식물이 공기 중에 배출한 맹독인 산소를 맛있게 심호흡하며 들이켜는 인간이라는 괴물을, 땅속으로 피난한 미생물은 어떤 심정으로 바라볼까?

역사는 반복된다

식물이 방출한 산소로 인한 환경파괴 끝에 형성된 현대의 지구환경. 그런데 그 지구환경이 다시금 변모할 기세다. 이번에는 인간이 방출한 대량의 이산화탄소가 원인이다.

우리 인류는 폭발적인 기세로 화석연료를 태워 대기 중 이산화탄소 농도를 높인다. 우리가 방출한 프레온가스는 예전에 산소가 만든 오존층을 파괴하고, 지상에 펼쳐진 삼림을 벌채하여 산소를 공급하는 식물을 감소시킨다.

38억 년 생명의 역사 끝에 진화의 정점에 선 인류가 이산화탄소로 가득하고 자외선이 내리쬐던 생명 탄생 이전인 고대의 지구환경을 만들고 있으니 기가 막힐 노릇이다. 산소 때문에 박해를 받았던 고대의 미생물은 다시 자신들의 시대가 도래했음을 인지하고 땅속 깊숙이에서 회심의 미소를 지을 것이다.

식물이 크게 변화시킨 지구에서도 생명은 왕성하게 진화를 이루며 풍요로운 생태계를 구축했다. 확실히 인류가 저지른 환경파괴도 유구한 지구 역사에서 보면 티끌 같은 변화일지도 모른다. 다만 한 가지, 우리 인류가 저지르는 현대의 환경 변화는 지금까지 지구가 경험한 적이 없을 만큼 너무 급격하다는 게 신경이 쓰인다. 고대의 바다에서 태어나 식물 플랑크톤이 여기저기로 산소를 퍼뜨려 오존층을 만들어내기까지 30억 년의 세월이 걸렸다. 또한, 지상에 진출한 식물이 산소농도를 올리기까지 6억 년의 세월이 필요했다. 그런데 인류의 환경파괴는 고작 100년 단위로 일어나고 있다. 이 환경 변화 속도를 생물의 진화가 도저히 따라올 수 있을 것 같지 않다.

대체 무엇이 일어나고 있는가. 이제 아무도 예상할 수 없다. 한 가지 확실한 것은 설령 약간의 생물이 살아남더라도 인류는 분명 살아남을 수 없다는 점이다.

인간은 이성이 있는 존재다. 우리에게는 생각해야 할 뇌도 있고, 행동해야 할 확실한 손과 발도 있다. 우리 인간은 무엇을 생각하고 무엇을 해야 할까? 식물의 생존방식을 알게 된 지금 우리가 알아야 할 것은 인간의 생존방식일지도 모른다.

맺 는 글

"인간은 거꾸로 선 식물"

식물의 세계로 떠난 모험은 어땠는가.

식물은 기본적으로 불가사의한 존재지만, 놀라움으로 가득한 생존방식을 살짝 들여다보면 더욱 불가사의한 존재로 다가온다.

말도 하지 않고 움직이지도 않는 식물이지만 생존방식은 참으로 역동적이다. 적과 싸워 몸을 지키고 역경을 극복하여 성장을 이룬다. 그리고 꽃을 피우고 열매를 맺어 다음 세대로 생명을 이어간다. 식물도 우리와 마찬가지로 매일매일 스트레스나 곤경에 맞서며 살아간다. 식물도 열과 성을 다해 살아가는 것이다.

식물도 인간도 같은 생명을 지닌 존재다. 인간과는 전혀 다른 모습을 하고 있지만, 그 생존방식에는 공감할 수 있는 부분도 있으리라 생각하는데 어떤가. 이 책을 읽고 주변 식물에 지금껏 없던 친근감이 생겼다면 저자로서 더없이 기쁜 일이다.

그런데 이렇게 좋은 이웃인 식물이 요즘은 살기가 매우 팍팍해진 것 같다.

대규모 벌채로 지구상 삼림이 놀라운 속도로 사라지고 있다. 대기오염으로 황산이나 질산을 포함한 산성비가 내리고 녹음이 울창한 나무들의 생명을 순식간에 앗아간다. 환경파괴나 남획으로 다종다양한 식물이 멸종의 길로 나아가고 있다. 유구한 시간에 걸쳐 진화한 식물의 생존방식이 사라진 듯하다.

게다가 이 모든 것이 인간의 소행이라니, 인간은 식물 없이 살아갈 수 없는 존재인데 이 모든 게 업보가 아닐까 싶기도 하다.

이 책의 '시작하는 글'에서 "식물은 거꾸로 선 인간이다"라는 아리스토텔레스의 철학을 소개했다.

한편 플라톤은 이렇게 말했다.

"인간은 거꾸로 선 식물이다."

인간에게는 신이 내린 이성이 있다. 따라서 이성을 관장하는 머리가 천상의 신에 가장 가까운 위치에 있다. 즉 식물이 대지에 뿌리내린 존재라면 인간은 하늘에 뿌리내린 존재다.

이 책에서 소개한 식물의 생존방식은 모두 많은 식물학자의 꾸준한 연구와 관찰로 밝혀진 것들이다. 이들 연구자들께 깊은 감사를 전한다. 식물도 대단하지만 역시 인간도 대단하다. 하지만 여전히 식물의 생존방식에는 미지의 부분이 많다. 앞으로도 인류는 식물의 불가사의에 계속해서 다가갈 것이다.

식물학이라고 하면 왠지 무미건조하고 어려울 것 같다는 인상을 받는 사람이 많다. 식물에 전혀 흥미가 없는 사람이라도 재미있게 읽을 수 있는 식물 책을 만들고 싶다. 이 책은 그런 생각으로 만들어졌다. 이 책을 집필할 계기를 준 사람은 PHP에디터즈 그룹의 모리모토 나오키 씨다. 모리모토 씨의 책에 관한 열정에서 많은 것을 배우고 또한 유익한 조언을 많이 들었다. 이시다 토오루 씨는 불가사의한 식물의 세계를 다채로운 일러스트로 표현해주었다. 저자를 포함한 이 세 명의 생각이 하나가

되어 여기에 멋진 책이 완성되었다. 또한, 문고판은 아사히신문 출판의 히요시 히사요 씨의 도움을 받았다. 감사하다.

식물을 알고 사람을 알다

어느 날 지쿠마쇼보에서 연락이 왔다. 이나가키 히데히로 씨의 신간 해설을 써달라고 했다. 정말 기쁜 마음으로 흔쾌히 받아들였다. 나는 이나가키 씨가 쓴 식물 책을 좋아한다. 그러니 함께할 수 있다면 영광이다.

한달음에 출판사로 달려가 인쇄본을 받았다. 책에 푹 빠져

단숨에 읽고서는 컴퓨터 앞에 앉았다. 그런데 바로 이런 생각이 들었다.

'그런데 해설이라니, 뭘 해야 하지?'

왜냐하면 이나가키 씨는 이 책에서 이미 식물에 관해 해설하고 있다. 누구나 알게 쉽게, 게다가 재미있게 말이다. 여기에 내가 덧붙일 게 뭐가 있을까. 갑자기 난감해졌다.

하지만 뭔가를 써야 하니 일단 컴퓨터를 끄고 한 번 더 인쇄본을 읽기로 했다. 그러자 문득 이런 소박한 의문이 들었다. 애초에 이나가키 씨의 책은 왜 이렇게 사람들의 흥미를 끄는 걸까?

이나가씨 씨 실력에는 미치지 못해도 나 역시 식물 관련 책을 꽤 쓴 사람이다. 식물에 관해 전하는 것이 얼마나 어려운 일인지 너무나 잘 안다. 일단 식물은 움직이지 않는다(고 일반적으로 생각한다). 곤충이나 새처럼 상대가 적극적으로 움직여준다면 좋겠지만, 식물에 재미를 붙이려면 관찰하는 사람이 직접 움직이면서 적극적으로 상상력을 펼칠 필요가 있다. 실제로 식물을 눈앞에 두고 만져보고 향을 맡을 수 있는 모임이라면 방법이 있겠지만, 이것을 책으로 전하는 일은 지극히 어렵다.

그래서 나는 식물 책을 쓸 때 사진을 많이 사용한다. 한 식물을 멀리서 보거나, 가까이서 보거나, 위에서 아래에서 뒤에서 보며 그 대상을 보는 관점을 계속해서 바꾸어 제시해간다. 그렇게 함으로써 책이라는 형태로도 독자에게 직접 식물을 관찰하는 듯한 느낌을 줄 수 있다.

그런 생각으로 단 30종의 식물을 소개하는 데 500장 이상이나 되는 사진을 사용하여 책을 출간한 적도 있다.

알기 쉽게 전하기 위한 묘안이라고 하면 말은 그럴듯하지만, 사실 이것은 교활한 방법이라고도 할 수 있다. 왜냐하면 사진을 사용하면 말로 하는 설명을 생략할 수 있다. 이번에 인쇄본을 다시 읽고 내가 놀랐던 점이 이 점이다. 이나가키 씨는 이 책에서 말로만 식물에 대해 설명한다. 그런데도 정말 알기 쉽다. 어떻게 그것이 가능할까? 그게 궁금해서 또다시 인쇄본을 읽어보았다.

이 책은 어떤 장이라도 이야기의 도입 부분이 재미있다. 식물의 생존방식이 테마인데, 식물 이야기부터 시작하지 않는 게 흥미롭다. 이나가키 씨는 "목욕 후 캔맥주와 풋콩의 궁합은 가히 환상"이라고 말한다. '그래 이 조합은 못 참지!' 하고 생각하면 어느새 이야기는 콩의 뿌리까지 나아가 있다. 보통은 식물 뿌리에 관한 이야기를 스스로 읽으려는 사람은 많지 않다. 하지만 이렇게 이야기를 따라가다 보면 저절로 뿌리혹박테리아라는 지금껏 듣지도 보지도 못했던 존재를 알게 된다.

또한 전체적으로 예시가 뛰어나다. 이 부분은 정말이지 기가막힐 만큼 뛰어나다. 특히 '꽃과 곤충의 흥정'은 아주 빼어나다. 꽃이 눈에 띄어야 하는 이유를 인쇄된 부채에 비유하는가 하면, 작은 꽃이 모여 피는 이유를 플리마켓을 예로 들어 설명한다. 식물 세계의 표현이 아닌 인간세계의 일에 비유하여 설명하므로 상상력은 무한대로 펼쳐진다.

꽃의 꿀이 있는 위치를 설명하면서 편의점을 예로 든 것을 보고는 깜짝 놀랐다. 편의점에는 왼쪽 돌기 법칙이 있어 잘 팔리는 상품을 가게 안쪽에 배치하면, 고객이 가게 여기저기를 돌아다니게 된다. 꽃의 꿀 역시 되도록 안쪽에 있으면 곤충이 꽃에 머무는 시간이 늘어간다. 그러면 곤충에 꽃가루가 묻을 가능성이 커진다. 그 상태로 다른 꽃으로 날아가면 수분에 성공한다. 이렇게 설명하니 귀에 쏙쏙 들어온다.

이 편의점 이야기를 읽었을 때, 이나가키 씨는 별걸 다 알고 있구나 하고 그냥 웃어넘겼지만, 이런 예를 보면서 이나가키 씨라는 분은 참 특이하다고 느꼈다. 이나가키 씨는 식물에만 관심이 있는 분이겠거니 생각했는데, 사람 일에도 세상일에도 정통

하니 이런 예가 수없이 떠올랐을 것이다.

또한, 이나가키 씨는 식물의 생존방식을 의인화하여 이야기한다. 스스로 시작하는 글에서 밝혔듯이 의인화는 때론 정확성을 등한시한다. 연구자인 이나가키 씨가 이렇게 하는 것은 어떤 의미에서는 리스크가 따르는 행위다. 그래도 이나가키 씨는 일부러 의인화한다. 일반인이 식물의 생존방식을 알기 위해서는 일단 호기심이 필요하다는 것, 그리고 상상력을 움직이게 하는 것이 중요함을 잘 알기 때문이다. 이런 점에서 나는 이나가키 씨의 인간에 대한 통찰력을 느낀다.

에필로그에는 이런 말도 쓰여 있다. "식물의 생존방식을 알게 된 지금 우리가 알아야 할 것은 인간의 생존방식일지도 모른다." 이 부분에 이르러서야 비로소 이 책에서 많이 다룬 의인화와 식물과 인간의 생존방식 대비가 단순히 이해를 위한 것만은 아님을 절실히 느꼈다. 현재 인간의 활동은 지구환경을 변화시킬 만큼 엄청난 영향력을 끼치고 있다. 그런데도 우리는 개선하지 못하고 있다. 아니, 애초에 자신이 어떤 일을 저질렀는지 자각하지 못한다. 그 이유 중 하나로, 우리 스스로 우리의 생존방식을 알지 못한다는 것이다.

지금 사회에서 사람은 사람만 눈에 들어오게 되어 있다. 거리의 요철은 평평하게 다져져 아스팔트가 깔렸고 A 지점과 B 지점이 직선으로 이어져간다. 이렇게 사람은 사람과 교류하거나 비즈니스를 위해 효율화를 꾀한다. 거기에 식물을 포함하여 다른 생명의 생존방식은 별로 고려되지 않는다. 빌딩이나 건물 내부에는 거울이나 반사되는 소재가 많아 끊임없이 자기 모습이 비친다. 거리를 걷고 있을 뿐인데, 부정적이든 긍정적이든 자의식이 팽창한다. 자신만 바라보면 우리는 자신을 더 알게 되어 좋을 것 같지만, 왠지 이렇게 되면 될수록 우리는 자신을 잘 알지 못하게 된다.

그런데 여기에 식물의 생존방식이라는 비교 축이 생기면 어떨까? 인간이 보기에 식물의 생존방식은 불가사의하다. 사실 인간의 생존방식 역시 다른 생물이 보면 불가사의하지 않을까? 식물을 알면 사람을 알 수 있다. 그다음에 우리가 걸을 길이 보일 것이다. 이나가키 씨로부터 그런 메시지를 받고 나는 가슴이 뜨거워졌다. 나는 일과 관련하여 많은 식물 책을 읽는데, 읽은 후에 감동할 만한 책은 손에 꼽을 정도다.

식물 연구는 나날이 진전하여, 불과 수년 전에 상식이던 것이 지금은 비상식이 되기도 한다. 우리는 끊임없이 최신 지식을 업데이트해야 하지만, 결코 쉬운 일이 아니다. 하지만 안심하길

바란다. 우리에게는 이나가키 씨가 있다. 앞으로도 분명, 식물의 불가사의하고 매력적인 생존방식을 계속해서 알려줄 것이다. 이나가키 씨 덕분에 우리는 정말로 행복하다.

스즈키 쥰(식물 연구가)

식물의 발칙한 사생활

초판 1쇄 발행   2024년 5월 15일

지 은 이   이나가키 히데히로
옮 긴 이   장은주
펴 낸 이   한승수
펴 낸 곳   문예춘추사

편   집   이상실, 구본영
디 자 인   박소윤
마 케 팅   박건원, 김홍주

등록번호   제300-1994-16
등록일자   1994년 1월 24일
주   소   서울특별시 마포구 동교로 27길 53, 309호
전   화   02 338 0084
팩   스   02 338 0087
메   일   moonchusa@naver.com

I S B N   978-89-7604-661-1   03480